京津冀重要涵养区生态地质环境研究

JING–JIN–JI ZHONGYAO HANYANGQU SHENGTAI DIZHI HUANJING YANJIU

刘宏伟　白耀楠　宋亚新　等编著

中国地质大学出版社
ZHONGGUO DIZHI DAXUE CHUBANSHE

图书在版编目(CIP)数据

京津冀重要涵养区生态地质环境研究/刘宏伟等编著.—武汉:中国地质大学出版社,2024.11.—ISBN 978-7-5625-6015-9

Ⅰ.X141

中国国家版本馆 CIP 数据核字第 2024NV7425 号

京津冀重要涵养区生态地质环境研究		刘宏伟　白耀楠　宋亚新　等编著
责任编辑:谢媛华	选题策划:谢媛华	责任校对:宋巧娥
出版发行:中国地质大学出版社(武汉市洪山区鲁磨路388号)		邮政编码:430074
电　　话:(027)67883511　　传　　真:(027)67883580		E-mail:cbb@cug.edu.cn
经　　销:全国新华书店		http://cugp.cug.edu.cn
开本:787毫米×960毫米 1/16	字数:195千字	印张:10.25
版次:2024年11月第1版	印次:2024年11月第1次印刷	
印刷:武汉中远印务有限公司		
ISBN 978-7-5625-6015-9		定价:78.00元

如有印装质量问题请与印刷厂联系调换

《京津冀重要涵养区生态地质环境研究》编写成员

刘宏伟　白耀楠　宋亚新　蒋万军　刘继红
李　状　刘　军　苗晋杰　高伊航　张军夕
徐丹虹　李明明　杜　东　韩　博　郭　旭
杨吉龙　马　震　孟利山　王春磊　胡云壮
柳富田　商和文

前 言

张家口地区位于首都北京上游河北省西北部,是京津冀重要生态涵养区,也是国家生态文明先行示范区、首都水源涵养功能区和生态环境支撑区,具有明显的生态优势和绿色发展机遇。本书以张家口地区为研究区,总结区域主要生态地质资源与环境问题分布特征,分析与生态环境密切相关的松散岩类浅层孔隙地下水水位变化和化学质量状况,并针对代表性区域的土地沙化、水土质量、地质灾害(隐患)等生态地质环境条件或要素进行研究,提出相应的地学服务建议,以期为该区生态环境保护和地质资源科学保护利用提供基础依据。取得的主要成果有以下几个方面。

(1)研究区分布林地、草地和湿地等生态地质资源,存在土地沙化、矿山地貌景观破坏、地质灾害(隐患)和湖淖萎缩等生态地质环境问题。截至2018年,研究区内林地资源较为丰富,面积约18 100 km^2;相较于林地资源,草地和湿地资源面积较小,分别为2400 km^{2}和2200 km^2。土地沙化面积约8 899.12 km^2,主要分布在坝上康保县、沽源县、张北县和尚义县;矿山地貌景观破坏类型主要为矿业活动占地,涵盖采场、选矿场、废石堆和尾矿库等;地质灾害(隐患)共638处,其中崩塌(隐患)、滑坡(隐患)和泥石流(隐患)分别为189处、47处和402处。湖淖面积约125.26 km^2,主要分布在张北县、康保县、尚义县和沽源县。

(2)研究区浅层孔隙地下水水位总体以回升趋势为主,坝下地区水质较好,坝上地区受地质成因影响,水质相对较差。较2020年同期,2021年坝下地区宣化、桥东和桥西大部分区域水位回升明显,蔚阳盆地和涿怀盆地部分区域水位呈下降趋势;坝上地区地下水水位总体呈回升趋势,康保县西南部、尚义县北部区域地下水水位上升较为明显,康保县照阳河镇北部等部分区域地下水水位呈现下降状态。坝上地区水质相对较差,主要表现为氟化物、总硬度和溶解性总固体等超标。

(3)典型农牧交错带(康保地区)土地沙化具多年明显减弱特征,不同地貌单元土地沙化分布的主控地质因素有差异。相较于1984年、2016年,2021年康保地区土地沙化程度得到极大改善,重度和极重度土地沙化面积明显减小。康保地区土地沙化受气候、地质环境和人类活动共同驱动,但不同地貌单元土地沙化分布的主控地质因素有差异。表层沉积物主要来源于二叠纪花岗岩类侵入体的风化或水蚀搬运,植树种草、土地利用方式改变等人类活动是近年来康保地区土地沙化减弱的主要原因。同时,基于土壤营养元素、化学元素、钙积层及植被生长环境等研究,提出了植被、成土母岩、水土环境等多要素耦合的土地沙化防治建议。

(4)典型矿产资源分布区[冬季奥林匹克运动会(简称冬奥会)场周边矿产资源集中区]浅层地下水质量总体优良,局部表层土壤存在重金属超标,地质灾害(隐患)以小型泥石流(隐患)和崩塌(隐患)为主。浅层地下水以Ⅲ类和Ⅳ类水为主,主要为氟化物、总铁、硫酸盐和总硬度等超标。表层土壤85.15%以上的样点未出现重金属超标现象,但土壤总体具有较强的潜在生态风险,其中Cd和Hg的潜在生态风险较高,建议划分重点修复治理区、一般修复治理区、重点防控区和一般防控区4类进行土壤生态保护修复。截至2018年,此区分布地质灾害(隐患)104处,包括泥石流(隐患)80处、崩塌(隐患)24处,均以小型规模为主,建议划分重点防治区、次重点防治区和一般防治区3类进行地质灾害(隐患)防治。

(5)典型生态旅游与绿色食品供应区(张北地区)可分为4类土地生态保护修复区,绿色食品供应重点片区应关注氮、磷、钾平衡施肥和富硒土壤连片开发利用。基于土地生态子系统与生态功能和生态敏感特征叠加分析,建议将土地生态保护修复划分为农林湿地生态修复与土壤侵蚀控制生态功能区、农林湿地生态修复与水源涵养生态功能区、林草土壤侵蚀控制与水土保持生态功能区、山地森林水土保持与生物多样性维护生态功能区。绿色食品供应重点片区发现富硒土壤面积约51.60 km^2,西兰花对硒的吸收能力高于其他蔬菜,胡麻、莜麦和藜麦达到富硒标准的比例较高,建议关注氮、磷、钾平衡施肥,同时在富硒草地集中连片区发展以畜牧业为特色的富硒产业,在集中连片的富硒耕区集中种植莜麦、胡麻和藜麦等特色农作物。

本书在编撰过程中得到了中国地质调查局林良俊研究员、中国地质大学(武汉)马传明教授、北京矿产地质研究院卫晓锋博士、中国科学院地理科学与资源研究所韩冬梅研究员、山东省自然资源厅朱恒华研究员、河北省地质矿产勘查开发局田文法教授、河北省地质矿产勘查开发局第三地质大队王楠高级工程师的指导和帮助,在此一并向他们表示衷心的感谢。

限于资料精度和编著者学识水平,书中难免存在不足之处,有待今后工作中加以修正和改进,敬请批评指正。

编著者
2024年7月20日

目　录

第一章　自然地理与社会经济概况 ……………………………………………（1）

　　第一节　自然地理概况 …………………………………………………（2）
　　第二节　社会经济概况 …………………………………………………（3）

第二章　区域地质环境概况 ………………………………………………（4）

　　第一节　区域地质构造 …………………………………………………（4）
　　第二节　区域地层岩性 …………………………………………………（5）
　　第三节　区域水文地质概况 ……………………………………………（11）
　　第四节　区域环境地质与生态地质概况 ………………………………（16）

第三章　主要生态地质资源与环境问题分布 ……………………………（18）

　　第一节　林草湿资源分布特征 …………………………………………（18）
　　第二节　主要生态地质环境问题发育特征 ……………………………（22）

第四章　地下水水位变化与化学质量评价 ………………………………（25）

　　第一节　地下水流场及水位变化 ………………………………………（25）
　　第二节　地下水化学质量评价 …………………………………………（32）
　　第三节　高氟地下水成因解析 …………………………………………（45）

第五章　典型农牧交错带区土地沙化评价 ………………………………（50）

　　第一节　康保地区土地沙化状况 ………………………………………（50）
　　第二节　康保地区土地沙化驱动因素与地学机理研究 ………………（53）
　　第三节　康保地区土地沙化生态地质环境脆弱性评价 ………………（86）
　　第四节　康保地区土地沙化防治建议 …………………………………（90）

第六章　典型矿产资源集中区生态地质环境要素评价 …………（95）
第一节　冬奥会场周边矿集区水土化学质量状况 ……………………（95）
第二节　冬奥会场周边矿集区地质灾害（隐患）发育特征 …………（102）

第七章　典型生态旅游与绿色食品供应区土地生态保护修复评价 …（110）
第一节　张北地区土地生态保护修复分区研究 ………………………（110）
第二节　绿色食品供应重点片区土壤质量化学评价 …………………（119）

第八章　主要结论 ……………………………………………………………（142）

主要参考文献 …………………………………………………………………（149）

第一章　自然地理与社会经济概况

研究区位于京津冀生态涵养区的张家口地区(图1-1)，地跨东经113°50′—116°30′、北纬39°30′—42°10′，主要包括张北、康保、沽源、尚义、蔚县、阳原、怀安、怀来、涿鹿、赤城、桥东、桥西、宣化、下花园、崇礼、万全等区县，区域面积约3.68万 km²。

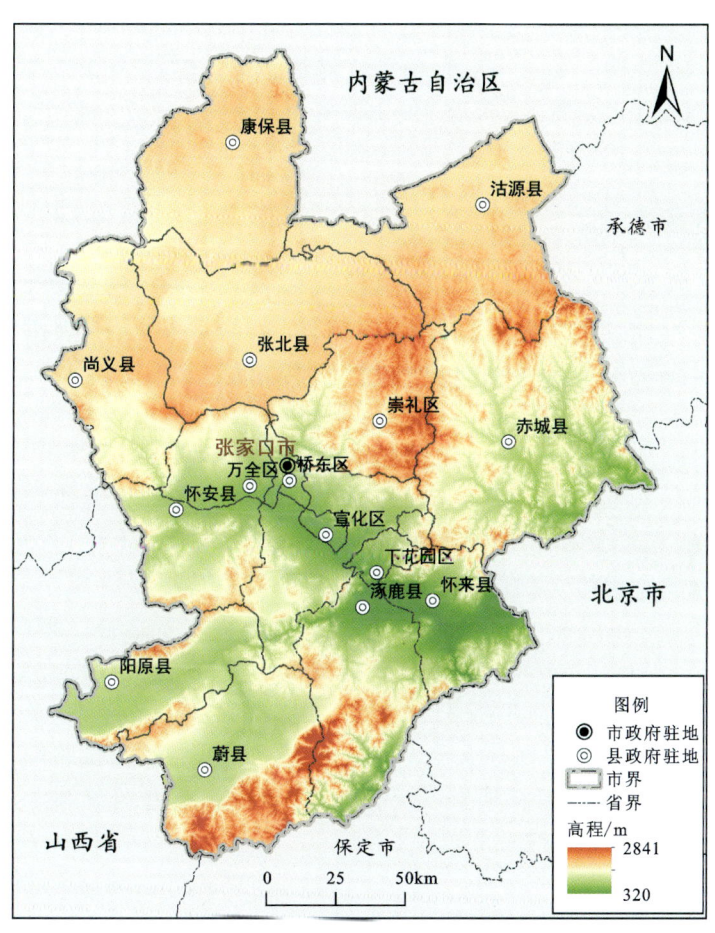

图1-1　研究区范围及位置图

第一节　自然地理概况

一、地形地貌

研究区西北高、东南低,地势变化较大,中部阴山山脉穿越。根据地形特征,研究区可划分为坝上高原区和坝下低中山盆地两类。坝上高原区以尚义县套里庄、张北县狼窝沟、赤城县独石口一线为界,主要包括北部的尚义县、康保县、沽源县和张北县,约占张家口土地面积的1/3,属内蒙古高原的南缘,平均海拔约1400m,地势南高北低,相间分布冈梁、滩地、湖淖,为呈波状的高原景观。坝下低中山盆地地势西北高、东南低,广泛分布山峦、沟谷,山峦海拔一般在1000~2000m之间。蔚县小五台山主峰海拔最高,超过2800m。群山之间分布有柴沟堡-宣化、涿鹿-怀来、蔚县-阳原等山间盆地,海拔一般在500~800m之间。

二、气象水文

研究区属温带大陆性季风气候,风多雨少、气候干燥。气温变化较大,多年平均气温1.2~9.1℃。多年平均降水量约409mm,具有年内降水相对集中、年际变化较大的特点,年降水量的70%~80%集中在6—9月。多年平均蒸发量850~1200mm,干旱指数2.0~2.5,无霜期90~130d,"十年九旱"是研究区较为典型的气候特点[1-3]。

研究区有海河流域、滦河流域、内陆河流域3大流域,以及永定河水系、潮白河水系、大清河水系、内陆河水系、滦河水系5大水系。其中,永定河水系在研究区内流域面积约17 924km^2,洋河和桑干河是其主要支流。永定河径流量约占官厅水库入水量的90%,是主要的入京地表水系之一。潮白河水系流域面积约5763km^2,主要由白河和黑河等支流组成,在延庆区汇合后流入北京市密云水库。大清河为北拒马河上游,流入河北省保定市,流域面积约1159km^2,主要包括闪电河等支流。闪电河向北流入内蒙古自治区,流域面积约971km^2。内陆河水系在坝上广泛分布,主要由季节性河流和湖淖等组成,流域面积约11 021km$^{2[4]}$。

第二节　社会经济概况

据国民经济和社会发展统计公报[5],2021年研究区内国内生产总值1 727.8亿元,人均生产总值42 049元。常住总人口409.9万人,其中城镇常住人口275.1万人。

农业方面,粮食种植面积688.5万亩(1亩≈666.67m^2),粮食总产量186.1万t;油料播种面积60.0万亩,油料总产量5.8万t;中草药播种面积38.5万亩,中草药产量8.4万t;蔬菜总产量528.4万t;园林水果产量25.8万t;猪牛羊禽肉产量31.0万t;水产品总产量8778t。工业和建筑业方面,全部工业增加值实现404.8亿元,全社会建筑业增加值76.2亿元,资质等级以上建筑业企业房屋施工面积1 011.9万m^2,房屋竣工面积392.6万m^2。服务业方面,批发和零售业增加值112.64亿元,交通运输、仓储和邮政业增加值116.06亿元,住宿和餐饮业增加值33.89亿元,金融业增加值153.56亿元,其他服务业增加值430.41亿元。货物运输总量1.5亿t,货物周转量635.1亿t,旅客运输总量371.4万人,公路通车里程2.4万km。邮政业务总量10.27亿元,邮政业务收入11.66亿元,电信业务总量426.24亿元,年末电话用户总数达到492.54万户,固定互联网宽带接入用户155.69万户。国内贸易方面,社会消费品零售总额实现640.7亿元。固定资产投资方面,全社会固定资产投资比上年增长2.1%。对外经济方面,进出口总值完成51.5亿元,实际利用外资41 186万美元。财政金融方面,一般公共预算收入完成186.4亿元,一般公共预算支出542.5亿元。居民收入和社会保障方面,居民人均可支配收入27 983元,年末城镇参加基本养老保险人数117.85万人。文化旅游、卫生健康和体育方面,共有图书馆和文化馆各17个,实现旅游收入394.7亿元,共有医疗卫生机构5892家,承办"相约北京"冬季体育系列测试活动15场、国家级赛事4场、省级赛事9项。资源、环境和安全生产方面,完成营造林14.46万hm^2(1hm^2=0.01km^2),规模以上工业企业可再生能源发电量318.6亿kW·h,环境空气综合质量指数为3.10,15个国家级和省级地表水考核断面水质优良(达到或优于Ⅲ类)比例为100%,城市集中式饮水水源地水质达标率100%,城市区域环境噪声监测点位107个。

第二章 区域地质环境概况

第一节 区域地质构造

研究区位于华北陆块北部，一级构造单元属塔里木-华北板块，二级构造单元为华北陆块。已有地质资料显示，以深大断裂、大断裂为界，冀北可划分8个Ⅲ级构造单元，张家口地区涉及其中6个，即冀北古陆块、桑干-平泉构造（结合）带、太行山（冀西）古陆块、燕辽中元古代-古生代裂谷带、华北陆块北缘大陆边缘活动带、大兴安岭-太行山中生代岩浆岩带。

研究区区域深大断裂、大断裂构造主要有桑干-平泉构造（结合）带两侧分界深大断裂（F_1、F_2）、尚义-隆化大断裂（F_5）、康保-围场大断裂（F_6）(图2-1)。

桑干-平泉构造（结合）带南界深大断裂（F_1）主体呈北东东向展布，主要沿阳原南桑干河—北水泉—大堡—矾山镇北一带通过，大部分被中元古代至第四纪地层角度不整合覆盖，在辉耀镇西部、矾山镇北部断续出露。该断裂带最初形成于迁西构造运动，并在阜平、五台及吕梁各构造运动中有过强烈的活动。主体形成于向北主动俯冲-碰撞机制下主俯冲带南部应力与物质调整过程中，并逐步演化为向南的被动俯冲。

桑干-平泉构造（结合）带北界深大断裂（F_2）主体呈北东—北东东向展布，局部呈北西西向展布，主要沿将军庙北东蔡家庄—蔓菁沟—西望山—张全庄—李家堡北东部断续出露。该断裂最初形成于桑干构造运动，并在迁西、阜平、五台及吕梁各构造运动中有过强烈的活动，是陆块之间向北俯冲-碰撞造山过程的重要产物，继承俯冲带主断裂并经多期构造运动叠加改造而成。

尚义-隆化大断裂（F_5）在石嘴子—崇礼东呈北西西向展布，在丰宁东南一带呈北东—北东东向展布，具有长期多期活动的特点，并且具有性质和倾向的多变性。该断裂最初形成于五台构造运动期，在吕梁构造运动期发生了强烈活动，在中元古代（或中元古代—晚古生代）南北向拉张构造环境下有强烈活动的记载，在燕山期板内造山期间也有继承性活动。

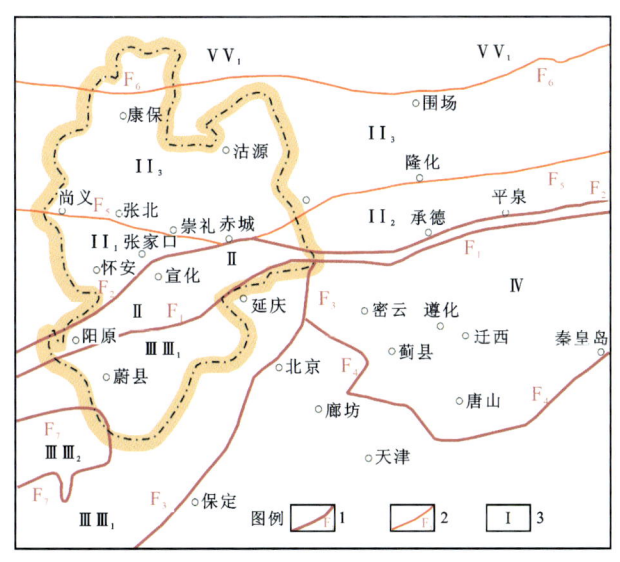

图 2-1 研究区及周边区域基底构造单元划分图[6,7]

1.区域深大断裂与大断裂及编号：F_1.桑干-平泉构造带南界深大断裂；F_2.桑干-平泉构造带北界深大断裂；F_3.太行山前深大断裂；F_4.冀东古陆块南缘深大断裂。2.区域大断裂及编号：F_5.尚义-隆化大断裂；F_6.康保-围场大断裂；F_7.五台裂谷-复式向斜褶皱带边缘大断裂。3.构造单元名称及编号：VV_1.华北陆块北缘大陆边缘活动带天山-赤峰火山型被动陆缘；II_1.冀北古陆块怀安复式穹窿状褶皱隆起带；II_2.冀北古陆块承德褶皱隆起带；II_3.冀北古陆块尚义-围场褶皱隆起带；II.桑干-平泉构造（结合）带；IIII_1.太行山（冀西）古陆块阜平复式穹窿状褶皱隆起带；IIII_2.太行山（冀西）古陆块五台裂谷-复式向形褶皱带；IV.冀东古陆块。

康保-围场大断裂（F_6）呈近东西向走向，自康保向东经内蒙古自治区到围场后延入辽宁省。沿断裂有残留的断层三角面等地貌特征，在丰宁北部滦河及围场伊逊河等水系穿越断层发生了同步弯曲现象。该断裂具有左旋扭动性质，在新近时期曾有强烈活动，但现代活动较弱。

第二节　区域地层岩性

一、地层

在漫长的地质时期，研究区形成了自太古宙到新生代的地层，但缺失古生代志留系、泥盆系、石炭系、上二叠统，中生代下、中三叠统等地层。研究区地层简表详见表 2-1。

表 2-1 研究区地层简表

界	系	统	地层单位	代号	厚度/m	主要岩性
新生界	第四系	全新统	湖沼积、冲积、洪积	Qh		砂砾石、砂质黏土、黏质砂土
		更新统	马兰组	Qp^m	20	黄土砾石层、黄土、次生黄土
			赤城组	Qp^c	49	含钙质结核黏土、亚砂土、砾石层
			泥河湾组	Qp^n	>200	淡水河湖相粉砂、粉砂质黏土,含粗砂、砂砾石
	新近系	上新统	石匣组	N_2s	50	黏土岩、砂砾岩、粉砂质黏土、红色砂岩、不稳定砾岩
		中新统	汉诺坝组	N_1h	66~453	以玄武岩为主,夹砂砾岩、粉砂岩、黏土岩、碳质页岩及褐煤
			开地房组	N_1k	133	砾石层、黏土层及含砾粉砂层,夹煤
中生界	白垩系	上白垩统	南天门组	$K_{1-2}n$	500~900	砖红色巨厚层砂砾岩、砂砾岩、粗砂岩、粉砂岩、黏土岩
			青石砬组	$K_{1-2}q$	69~1028	薄层页岩夹砂岩、夹砾岩、砂岩和煤层、黑色页岩
		下白垩统	义县组/九佛堂组	K_1y/K_1j	1392/(1179~1733)	以泥岩、粉砂岩、页岩为主,夹砂砾岩、砾岩、玄武岩、安山岩
			大北沟组	K_1d	1024~362	砾岩、含砾长石砂岩、粉砂岩、薄层粉砂岩
	侏罗系	上侏罗统	张家口组	J_3z	2756	流纹质熔结凝灰岩、凝灰砾岩、石英粗面岩、流纹岩、粗面岩、砂岩、砂砾岩、沸石岩
		中侏罗统	土城子组（后城组）	J_2tch(J_2h)	678~800	巨厚层砾岩,粗粒长石砂岩、粉砂岩、凝灰岩、粗安质角砾岩
			髫髻山组	J_2t	1480~2727	粗安岩、安山岩、玄武岩、粗安质集块角砾岩、凝灰质砾岩
			九龙山组	J_2j	560~835	厚层砾岩、含砾粗砂岩、泥质粉砂岩、玄武安山岩

续表 2-1

界	系	统	地层单位	代号	厚度/m	主要岩性
中生界	侏罗系	下侏罗统	下花园组	J_1x	327～860	砾岩、砂砾岩、砂岩、粉砂岩、砂质黏土岩、煤层、煤线
中生界	侏罗系	下侏罗统	南大岭组	J_1n	96	玄武岩、安山岩、凝灰岩、含砾砂岩、砂质页岩、页岩
中生界	三叠系	上三叠统	杏石口组	T_3x	4～67	砾岩、粉砂质泥岩、泥质粉砂岩、砂砾岩
古生界	二叠系	下二叠统	三面井组	P_1s	6853	安山岩、粗安岩、流纹质凝灰岩、含砾凝灰岩、砂岩、粉砂岩
古生界	奥陶系	中奥陶统	马家沟组	$O_{1-2}m$	>195	灰岩、白云质灰岩、生物碎屑灰岩、白云质角砾岩
古生界	奥陶系	下奥陶统	亮甲山组	O_1l	29～360	含燧石微晶灰岩、细晶白云质灰岩、生物碎屑白云质灰岩
古生界	奥陶系	下奥陶统	冶里组	O_1y	84～186	泥质条带微晶灰岩、巨厚层灰岩夹竹叶状灰岩、钙质页岩
古生界	寒武系	上寒武统	炒米店组	ϵ_3c	60～178	泥质灰岩、碎屑灰岩、含砾鲕状灰岩、泥质条带鲕状灰岩
古生界	寒武系	上寒武统	固山组	ϵ_3g	18～113	泥晶灰岩、页岩,夹砾屑灰岩、生物碎屑灰岩
古生界	寒武系	中寒武统	张夏组	ϵ_2z	42～220	中—巨厚层鲕状灰岩、含砾生物碎屑鲕状灰岩、含海绿石鲕状灰岩
古生界	寒武系	中寒武统	馒头组	$\epsilon_{1-2}m$	112～186	页岩、白云质页岩、泥灰岩、硅质微晶白云岩、含铁砂岩、海绿石砂岩
古生界	寒武系	下寒武统	昌平组	ϵ_1c	15～52	砂质白云岩薄层含燧石细晶白云岩、巨厚—中厚层白云岩
新元古界	青白口系		景儿峪组	Qbj	5～8	含砾砂岩、含白云质灰岩、白云质细砂岩、泥晶白云岩
新元古界	青白口系		龙山组	Qbl	39～82	砾岩、含砾细砂岩、含海绿石砂岩、粉砂岩、粉砂质页岩
新元古界	青白口系		下马岭组	Qbx	198～459	灰绿色纸片状页岩、黑色碳质页岩、海绿石砂岩、泥质粉砂岩

续表 2－1

界	系	统	地层单位	代号	厚度/m	主要岩性
中元古界	蓟县系		铁岭组	Jxt	172～292	含硅质条带白云岩、砾屑条带白云岩、纹层状白云岩
			洪水庄组	Jxh	9～56	黄绿色页岩、砂质页岩、薄层白云岩、不稳定砾岩
			雾迷山组	Jxw	1345～1493	厚层微晶白云岩、块状藻团白云岩、硅质条带白云岩、叠层石硅质白云岩
			杨庄组	Jxy	79～97	石英岩状细砂岩,含泥砂白云岩、团藻、砂粒屑白云岩,含砾砂岩
	长城系		高于庄组	Chg	683～1855	中厚层微晶白云岩、叠层石白云岩、燧石条带白云岩、含锰白云岩
			大红峪组	Chd	13～134	长石石英砂岩、白云质粉砂岩、石英岩状砂岩、含海绿石砂岩
			团山子组	Cht	20～162	泥晶白云岩、含铁粉砂质白云岩、薄层粉砂岩,夹流纹岩
			串岭沟组	$Chch$	13～43	砂质页岩、富钾页岩、石英砂岩、含铁砂岩,含赤铁矿层
			常州沟组	Chc	34～171	含砾石英砂岩、石英岩状砂岩、薄层泥质粉砂岩
古元古界			化德岩群	三夏天组	Pt_1s	2868	石英岩、长石石英岩、云母石英片岩,夹浅粒岩
				戈家营组	Pt_1g	4295	大理岩、透辉岩、石英岩、透辉大理岩、石英片岩
				北流图组	Pt_1b	798	含砾石英砂岩、石英岩、千枚状片岩
				朝阳河组	Pt_1c	595	石英片岩夹千枚岩、板岩及石英岩
				头道沟组	Pt_1t	1444	含砾长石石英砂岩、石英砂岩、千枚岩、透辉大理岩
				毛忽庆组	Pt_1m	3272	变质长石石英岩,夹石英片岩、板岩

续表 2-1

界	系	统	地层单位		代号	厚度/m	主要岩性
新太古界			红旗营子岩群	东井子岩组	Ar_3d	2843	斜长浅粒岩、黑云斜长变粒岩,夹石英岩、透辉大理岩
				太平庄岩组	Ar_3t	837～3815	黑云斜长片麻岩、角闪斜长片麻岩、变粒岩夹二长变粒岩、大理岩
中太古界			崇礼岩群	下白窑岩组	Ar_2x	498～3297	钾长片麻岩、变粒岩、黑云斜长变粒岩、含石墨黑云斜长变粒岩、大理岩
				谷嘴子岩组	Ar_2g	928～984	黑云角闪斜长变粒岩、片麻岩、斜长角闪岩、浅粒岩,夹磁铁石英岩
古太古界			桑干岩群	右所堡岩组	Ar_1y	237～428	二辉斜长变粒岩、二辉角闪斜长变粒岩、二辉斜长麻粒岩,夹磁铁石英岩
				马市口岩组	Ar_1m	445～908	黑云紫苏变粒岩、二辉斜长麻粒岩、磁铁石英岩

研究区地层分区为康保-围场-赤峰深断裂北侧的地槽区、以南的准地台区。准地台区以尚义-赤城-隆化深断裂为界又可分为断裂以北、康保-赤峰断裂以南的内蒙古地轴区与尚义-赤城-隆化深断裂以南的燕山台褶带区。

该区地层分布受古地理环境与构造控制影响较为明显。太古宙变质地层为古太古代桑干岩群、中太古代崇礼岩群和新太古代红旗营子岩群,主要分布于尚义-赤城深断裂南、北两侧,南侧为桑干岩群和崇礼岩群,北侧为红旗营子岩群。张家口最南部涉及较小区域太行山区阜平岩群。

古元古代化德岩群分布于康保-围场深断裂南、北两侧,主要为陆源碎屑岩-泥页岩-碳酸盐岩建造。中、新元古代地层在尚义-赤城深断裂以南广泛出露,是一套未变质或早期轻度变质的地台型海相、潟湖相富镁质碳酸盐岩和部分碎屑岩、黏土岩,下部串岭沟组赋存有宣龙式沉积铁矿和富钾页岩。

早古生代寒武纪和奥陶纪地层在阳原南山、蔚县北山和南山分布,在怀来、涿鹿也有部分出露,均为地台型海相沉积白云质灰岩、页岩、砂岩等。晚古生代二叠纪地层属于地槽型海相沉积岩,出露于康保-围场深断裂以北兴安-内蒙古地槽褶皱带内。

中生代三叠纪地层仅在下花园附近局部出露晚三叠世杏石口组。侏罗纪地层广泛分布全区,以中酸性火山岩、火山碎屑岩和河湖相沉积岩为主。白垩纪地层有大北沟组、义县组(九佛堂组)、青石砬组和南天门组,主要分布于万全、沽源等地区,为河湖陆相沉积岩及中性火山岩。

新生代新近纪和古近纪地层主要分布于坝下阳原、蔚县和坝上部分地区,为基性火山岩及河湖相沉积。第四纪地层及松散堆积物不均匀广泛分布于全区。

二、岩浆岩

(一)侵入岩

研究区侵入岩分布广泛,具有明显的分布规律。

太古宙变质深成岩在古、中、太古宙地层出露区中分布广泛,总体呈东西向分布于怀安—阳原—涿鹿及崇礼—宣化—赤城一带,为中太古代变质深成岩和新太古代变质深成岩。

古元古代变质侵入岩分布范围、分布方向基本与太古宙变质深成岩一致。

中元古代侵入岩总体呈东西向分布于尚义-崇礼-赤城东西向深断裂以北地带,南部仅有零星分布。

早古生代侵入岩仅在张家口地区西北部康保县零星分布,晚古生代侵入岩在北部康保断裂以北的槽区内大面积分布,同时亦较多分布在尚义-崇礼-赤城深断裂两侧。

中生代侵入岩在张家口域内的东经115°以东地区呈北北东向带状广泛分布,是乌龙沟-上黄旗构造岩浆岩带重要部位(中段)。

从侵入岩性质来看,基性、超基性岩多分布在深大断裂的边缘。中性—偏碱性侵入岩主要为海西期水泉沟-大南山碱性二长杂岩体,沿尚义-崇礼-赤城东西向深断裂南侧展布,其次为元古宙赤城县东部的变质闪长岩体,燕山期局部的闪长岩体。中酸性—酸性侵入岩沿东西向、北北东向等方向广泛分布,为花岗岩类。此外,一些如石英斑岩、流纹斑岩等浅成—超浅成侵入岩酸性程度很高,已属超酸性岩。

(二)火山岩

研究区是河北省火山活动最强烈、火山岩最为发育的地区之一。显生宙以来,本区发生海西旋回、燕山旋回和喜马拉雅旋回等规模较大的火山活动,尤以燕山旋回中生代火山活动最为强烈,形成的各类火山岩广泛分布,它们同侵入岩共同成为本区乌龙沟-上黄旗构造岩浆岩带的主体。

（三）变质作用与变质岩

研究区前寒武纪变质作用与变质岩可分为区域变质作用与区域变质岩、接触变质作用与接触变质岩、混合岩化作用与混合岩、动力变质作用与动力变质岩及一些特殊的变质岩五大类，其中区域变质岩又可分为变质表壳岩与变质侵入岩两类。

变质作用涉及宣化、怀安一带的古太古代桑干岩群、张家口—宣化一带的中太古代崇礼岩群、尚义-赤城深断裂以北的新太古代红旗营子岩群、北部康保境内的古元古代化德岩群。依据地质特征、岩石组合、矿物共生组合等标志，张家口地区的变质作用可划分为4期，第一期变质作用形成麻粒岩相，第二期变质作用形成高角闪岩相，第三期变质作用形成角闪岩相，第四期变质作用形成绿片岩相[6,7]。

第三节　区域水文地质概况

一、含水岩组划分

研究区位于华北地带的北缘，由于其地质构造及水文地质条件十分复杂，地下水资源的分布、赋存和运动规律差异较大。依据地下水赋存条件和含水介质空隙特征的不同，研究区内地下水含水岩组划分为4种类型：松散岩类孔隙含水岩组、碎屑岩类裂隙孔隙含水岩组、碳酸盐岩类裂隙岩溶含水岩组和变质岩、岩浆岩裂隙孔隙含水岩组。其中，坝上高原地区含水岩组主要为松散岩类孔隙含水岩组和变质岩、岩浆岩裂隙孔隙含水岩组，属内陆河流域，广泛分布第四纪冲洪积、冲积和湖积物等，一般厚度为 $10 \sim 60m$，含水层岩性主要为砂卵砾石、粗砂和粉细砂，富水性较差。此外，坝上高原南部隐伏玄武岩地层裂隙空洞较发育，厚度较大，富水性较好，泉水常见流量 $3.6 \sim 18m^3/h$，最大达 $81m^3/h$，其主要补给来源为降水入渗和灌溉回归水补给，由南部或北部的山区向中部的湖淖汇集，排泄方式主要有蒸发、人为开采等。而坝下山间盆地主要由大小不等、条件各异的多个水文地质单元组成，广泛分布松散岩类孔隙含水岩组、碎屑岩类裂隙孔隙含水岩组和碳酸盐岩类裂隙岩溶含水岩组。其中，洋河、桑干河两岸的带状冲积平原、冲积三角洲是盆地内地下水最丰富的地段，井孔单位涌水量多达 $50m^3/(h·m)$ 以上；山前各大冲洪积扇第四纪堆积物厚度大，富水性较好，井孔单位涌水量常达

$30m^3/(h·m)$以上;山前坡洪积裙及扇间地带含水层厚度较小,分布不均匀,一般富水性较差。坝下山间盆地地下水主要受大气降水入渗、侧向径流和灌溉回归水补给,地下水径流主要受地形地貌及构造岩性因素的控制,由周围山区向盆地中心汇集,排泄方式主要为人工开采。

(一)松散岩类孔隙含水岩组

第四系含水层组分布于坝下盆地和坝上高原不同地区,含水层组成因为冲洪积、冲积及湖积,含水层厚度一般在10～60m之间,岩性主要为砂卵砾石、粗砂和粉细砂。

(二)碎屑岩类裂隙孔隙含水岩组

白垩系含水层组主要分布在万全、崇礼、尚义、张家口市区一带。含水层岩性为砂砾岩,由于含泥质较多,裂隙多闭合,补给源不足,水量贫乏,多为潜水,局部为承压水。侏罗系含水层组主要分布在尚义、阳原、蔚县、冻鹿、宣化、下花园、怀来一带。含水层岩性为砂岩、砂砾岩和砂页岩。

(三)碳酸盐岩类裂隙岩溶含水岩组

奥陶系、寒武系含水层组主要分布在蔚县、阳原县一带,含水层岩性主要为结晶白云岩、灰岩、白云质灰岩。蓟县系、长城系含水层组分布在蔚县、阳原、源鹿、怀来、怀安、宣化、赤城一带,含水层岩性为白云岩。

(四)变质岩、岩浆岩类裂隙孔隙含水岩组

变质岩含水层组分布较广,厚度较大,含水层岩性主要为太古宙片麻岩、变粒岩、混合岩等。地下水赋存于风化带网状裂隙、成岩裂隙和构造裂隙中。岩浆岩含水层组广泛分布全区,含水层岩性主要为中晚侏罗世流纹岩、粗面岩、安山岩等,地下水赋存于成岩裂隙和构造裂隙中。

二、水文地质分区

已有研究成果显示[6],研究区可划分为2个水文地质大区、5个水文地质区(图2-2、表2-2)。

第二章　区域地质环境概况

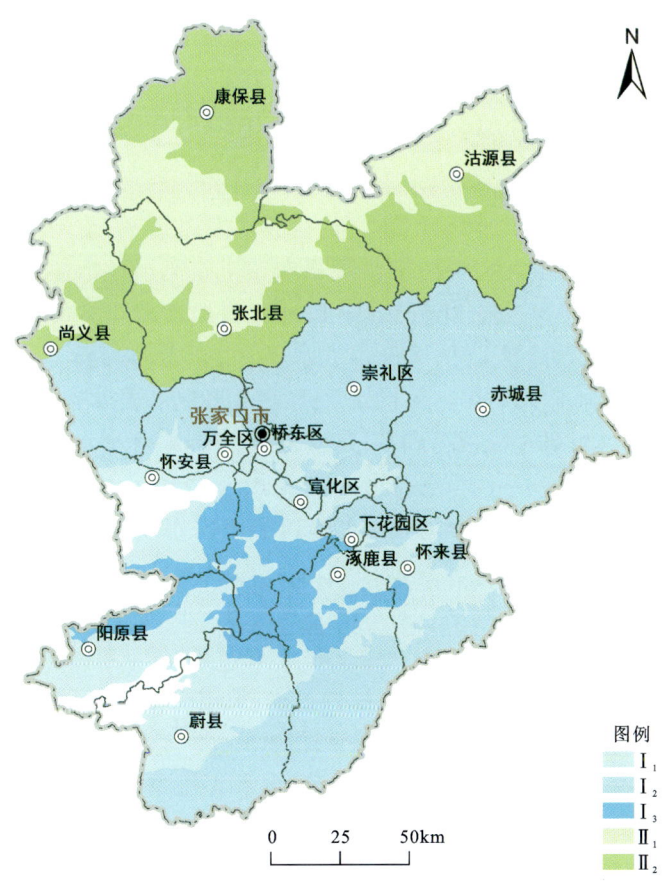

图 2-2　研究区水文地质分区简图

表 2-2　张家口地区水文地质分区简表

水文地质大区名称及代号	水文地质区名称及代号
坝下洋河、桑干河盆地水文地质大区（Ⅰ）	盆中平原孔隙水水文地质区（I_1）
	盆缘中山、低中山裂隙、裂隙孔隙和裂隙岩溶水水文地质区（I_2）
	河间低中山裂隙、裂隙孔隙和裂隙岩溶水水文地质区（I_3）
坝上高原水文地质大区（Ⅱ）	高原波状平原孔隙、裂隙孔隙和裂隙孔洞水水文地质区（II_1）
	高原丘陵裂隙、裂隙孔隙水水文地质区（II_2）

13

(一)坝下洋河、桑干河盆地水文地质大区(Ⅰ)

坝下洋河、桑干河盆地水文地质大区(Ⅰ)分为盆中平原孔隙水水文地质区($Ⅰ_1$)、盆缘中山、低中山裂隙、裂隙孔隙和裂隙岩溶水水文地质区($Ⅰ_2$)、河间低中山裂隙、裂隙孔隙和裂隙岩溶水水文地质区($Ⅰ_3$)。

盆中平原孔隙水水文地质区($Ⅰ_1$)包括怀来涿鹿盆地、柴沟堡宣化盆地、蔚县阳原盆地。冲洪积扇、洪积锥、坡洪积裙和黄土斜梁组成山前倾斜平原,盆地中心河流冲积平原沿河呈带状分布,湖积自流斜地埋藏于60m以下或出露地表。第四纪松散堆积物厚100～800m,含水岩组主要为早更新世—中更新世、晚更新世—全新世砂、砂砾石等。不同地区的地下水富水程度有所差异。洋河河流冲积平原、冲洪积扇一般含水最富;其次为洪积锥,中等富水或较弱富水;坡洪积裙、黄土斜梁一般较弱富水;湖积台地弱富水。

盆缘中山、低中山裂隙、裂隙孔隙和裂隙岩溶水水文地质区($Ⅰ_2$)分布于盆地南、北两侧的山地,地形坡度大,地下水循环排泄条件良好。含水岩组主要为太古宙片麻岩、混合岩,长城纪—蓟县纪—寒武纪—奥陶纪白云岩、灰岩,侏罗纪流纹岩、安山岩、凝灰岩、砂砾岩,白垩纪砂砾岩,燕山期花岗岩和第四纪砂砾石层,赋存构造裂隙水、风化裂隙水、裂隙岩溶水、裂隙孔隙水和孔隙水。富水性差异很大,该区是盆地地下水的主要补给区之一。

河间低中山裂隙、裂隙孔隙和裂隙岩溶水水文地质区($Ⅰ_3$)主要是指洋河、桑干河等之间的山地,地势相对低缓,地下水径流条件好。含水岩组主要为太古宙片麻岩,长城纪—蓟县纪—寒武纪—奥陶纪白云岩、灰岩,侏罗纪安山岩、流纹岩、砂砾岩和燕山期花岗岩,赋存裂隙水、裂隙岩溶水和裂隙孔隙水。地下水富水性总体弱于盆缘山地。

(二)坝上高原水文地质大区(Ⅱ)

坝上高原水文地质大区(Ⅱ)分为高原波状平原孔隙、裂隙孔隙和裂隙孔洞水水文地质区($Ⅱ_1$)、高原丘陵裂隙、裂隙孔隙水水文地质区($Ⅱ_2$)。

高原波状平原孔隙、裂隙孔隙和裂隙孔洞水水文地质区($Ⅱ_1$)第四纪沉积层东厚西薄,为全新世湖积风积物、晚更新世—全新世洪积物及早更新世—中更新世湖积物,赋存孔隙水,富水性一般较差。沽源县城一带上新世砂砾岩和郝家营、七甲、一工地一带的中新世砂砾岩中埋藏承压水。张北县城至康保南的南北狭长地带地表多为薄层第四纪、新近纪松散沉积物,地下水主要埋藏于新近纪中新世玄武岩中,赋存裂隙孔洞水。

高原丘陵裂隙、裂隙孔隙水水文地质区(II_2)含水岩组主要为太古宙片麻岩、燕山期花岗岩,侏罗纪流纹岩、安山岩、砂砾岩,新近纪玄武岩和第四纪砂砾石层,多为裂隙水和裂隙孔洞水。

三、地下水的补径排特征

盆缘山地、河间山地及高原丘陵区基岩裂隙发育,降水补给条件好,降水沿裂隙流入地下形成裂隙和裂隙孔隙(岩溶)水,后以径流方式向盆地等侧向补给。盆地山前倾斜平原上部无良好隔水层,含水层多为单层结构,接受降水和山地侧向补给,地层渗透性能力强,径流条件好。盆地山前倾斜平原中部至前缘人口相对集中,地下水开采是主要排泄方式,地层颗粒相对较细,降水大部分流失,径流条件由好变差,属径流-排泄区。河流、湖淖等构成地下水排泄区,地下水开采和蒸发作用是主要的地下水排泄方式。

四、地下水化学特征

2000年111眼地下水监测井监测数据显示,淡水井占比约81%,微咸水井占比约18.09%(主要分布于蔚县、阳原县、涿鹿县山间盆地和张北县、康保县、尚义县),在阳原贝东井集一带分布咸水井[7]。而2003年110眼浅层地下水监测井水质评价结果显示,I类~III类水占比36.2%,IV类水占比16.5%,V类水占比47.3%。其中,在坝上高原部分地区地下水中存在较高的氟含量[8,9]。在康保县西部、南部地势低洼区和沽源城区出现硝酸盐氮含量异常区,地下水化学类型为$HCO_3 \cdot NO_3 - Ca \cdot Na$型、$Cl \cdot NO_3 - Ca$型和$HCO_3 \cdot SO_4 - Na \cdot Ca$型,总溶解固体(total dissolved solids,TDS)一般介于$1\sim2g/L$,在尚义北部等低洼地区出现了TDS大于$2g/L$的地下水分布区,地下水化学类型多为$Cl \cdot NO_3 - Ca \cdot Mg \cdot Na$型[8,10]。

五、地下水水位动态特征

1981—2015年典型监测井地下水水位监测数据显示,地下水水位总体呈下降特征[11]。各区县地下水水位下降程度由大到小的顺序是桥西区、万全区、怀安县、桥东区、宣化区、涿鹿县、阳原县、张北县、下花园区、怀来县、尚义县、沽源县、蔚县、康保县(表2-3)。由56个水位监测点数据可知,柴宣盆地、涿怀盆地、蔚阳盆地、坝上高原4个地貌单元地下水水位降幅程度依次减小,其中,柴宣盆地降幅达20.41m。

表 2-3 研究区各县(区)1981—2015年典型监测井地下水水位降幅表

县(区)	康保	蔚县	沽源	尚义	张北	阳原	下花园
降幅/m	1.06	1.22	2.53	2.97	6.84	7.14	6
县(区)	涿鹿	怀来	桥东	宣化	怀安	桥西	万全
降幅/m	9.66	5.3	17.41	16.99	17.48	23.57	21.49

第四节 区域环境地质与生态地质概况

一、断裂与地震

研究区分布桑干-平泉构造带两侧分界深大断裂、尚义-隆化大断裂、康保-围场大断裂等,发育多条活动断裂,主要走向为北西—北西西向和北东—北东东向,同时分布少量近东西向活动断裂,几何形态较为复杂。张家口地区受山西地堑活动构造带与张家口-渤海活动构造带影响,北西—北西西向断裂分布不连续,北东—北东东向断裂发育规模较大,延伸长度长。前人对张家口断裂等16条主要断裂的活动性进行了研究,其中强活动强度的断裂有12条,中等活动强度的断裂有4条[12,13]。已有地震统计结果显示[12],张家口地区地震活动在时间和空间上均呈现不均匀性特征,其中张北县西部西套里庄-大河区域地震活动频率、震级相对较高,1970—2016年期间发生震级大于2.0级的地震210次,其中最大的两次地震是1998年、1999年发生在张北县西套里庄—大河一带的6.3级和5.6级地震。

二、土地沙化

研究区气候相对干旱,雨少风多,受自然背景条件和放牧等人类活动影响,该区土地出现沙化现象。2007年研究数据显示,张家口地区约1.2万km^2的土地存在沙化,其中坝上地区的尚义、张北、康保和沽源4县土地沙化相对严重[14]。2018年遥感解译结果显示,研究区土地沙化面积约为8899km^2,主要分布区仍为坝上的康保县、沽源县、张北县以及尚义县部分地区。土地沙化存在诸多危害:一是造成土地质量下降,导致农业产量降低;二是造成草场退化,引发草场载牧量下降;三是破坏生态环境,地表土壤侵蚀加剧,空气扬尘增多,水土流失增大。

三、地质灾害(隐患)

研究区地质灾害(隐患)存在分布面积广、种类多和突发性较强等特点。2010 年统计数据显示[6],该区共发现地质灾害(隐患)708 处,类型包括崩塌、滑坡、泥石流、地面塌陷和地裂缝。其中,崩塌(隐患)142 处,滑坡(隐患)56 处,泥石流(隐患)394 处,地面塌陷 100 处,地裂缝 16 处。地质灾害的发生造成直接经济损失超过 1400 万元,威胁 5.73 万人、房屋 4.4 万间、农田公路 223 处。截至 2015 年底,该区共发现地质灾害(隐患)791 处,其中,崩塌(隐患)182 处,滑坡(隐患)51 处,泥石流(隐患)428 处,地面塌陷 119 处,地裂缝 11 处[15]。地质灾害(隐患)严重威胁 4.32 万人和约 16 亿元的财产安全。

四、矿山地质环境问题

研究区因矿业活动引发的矿山地质环境问题主要有 4 个方面:一是采矿活动引发矿山地质灾害,不合理的矿业开发活动易导致崩塌、滑坡、泥石流、地面塌陷和地裂缝的发生;二是矿业开发对地下水与地表水的影响与破坏,地下水的抽排破坏了水均衡条件,导致矿区周围地下水水位下降、地表水流量减少;三是采矿活动对地形地貌景观的影响与破坏,出现土地占压、山体破损、岩石裸露和植被破坏;四是采矿活动破坏水土环境,矿业废渣、煤矸石的堆放以及废水的排放造成水、土环境污染[16]。截至 2015 年底,张家口地区分布矿山地质灾害(隐患)306 处,含水层破坏面积约 2.8 万 hm^2(1hm^2=0.01km^2),地形地貌景观破坏面积约 1.2 万 hm^2,形成固体废弃物总量约 6.2 万 t[17]。

第三章　主要生态地质资源与环境问题分布

第一节　林草湿资源分布特征

基于收集的资料,利用 2018 年遥感影像数据,参照《土地利用现状分类》(GB/T 21010—2017)对研究区林地、草地、湿地等主要生态资源进行遥感解译和估算,分析其分布区域和面积。

一、林地资源分布

该区林地资源较为丰富,覆盖面积约 18 100 km^2,占研究区面积的 49.18%。集中连片分布区主要位于坝下地区的赤城县、崇礼区、万全区、怀安县、涿鹿县和蔚县等地区。其中,崇礼区、蔚县、涿鹿县、怀来县林地分布面积较大(图 3-1)。与山地分布面积对比来看,山地集中分布的林地面积相对较大,尤其是崇礼区、蔚县、涿鹿县、怀来县和阳原县最为明显。

二、草地资源分布

该区草地资源分布面积相对较小,约 2400 km^2,占研究区面积的 6.52%,主要分布在研究区北部、东部和西南部,包括坝上地区的康保县、沽源县、张北县、尚义县,坝下地区的赤城县、阳原县和蔚县南部,其他区县分布相对较少(图 3-2)。

三、湿地资源分布

该区湿地资源分布面积占比相对较小,约 2200 km^2,占研究区面积的 5.98%,主要分布在研究区东部、西部和中南部的洋河、桑干河、永定河等河流周边及张北县—康保县一带的安固里淖、黄盖淖水库等地区。从区域上看,坝下地区的涿鹿县、怀来县和阳原县与坝上地区的康保县、沽源县、张北县、尚义县湿地面积相对较小(图 3-3)。

第三章　主要生态地质资源与环境问题分布

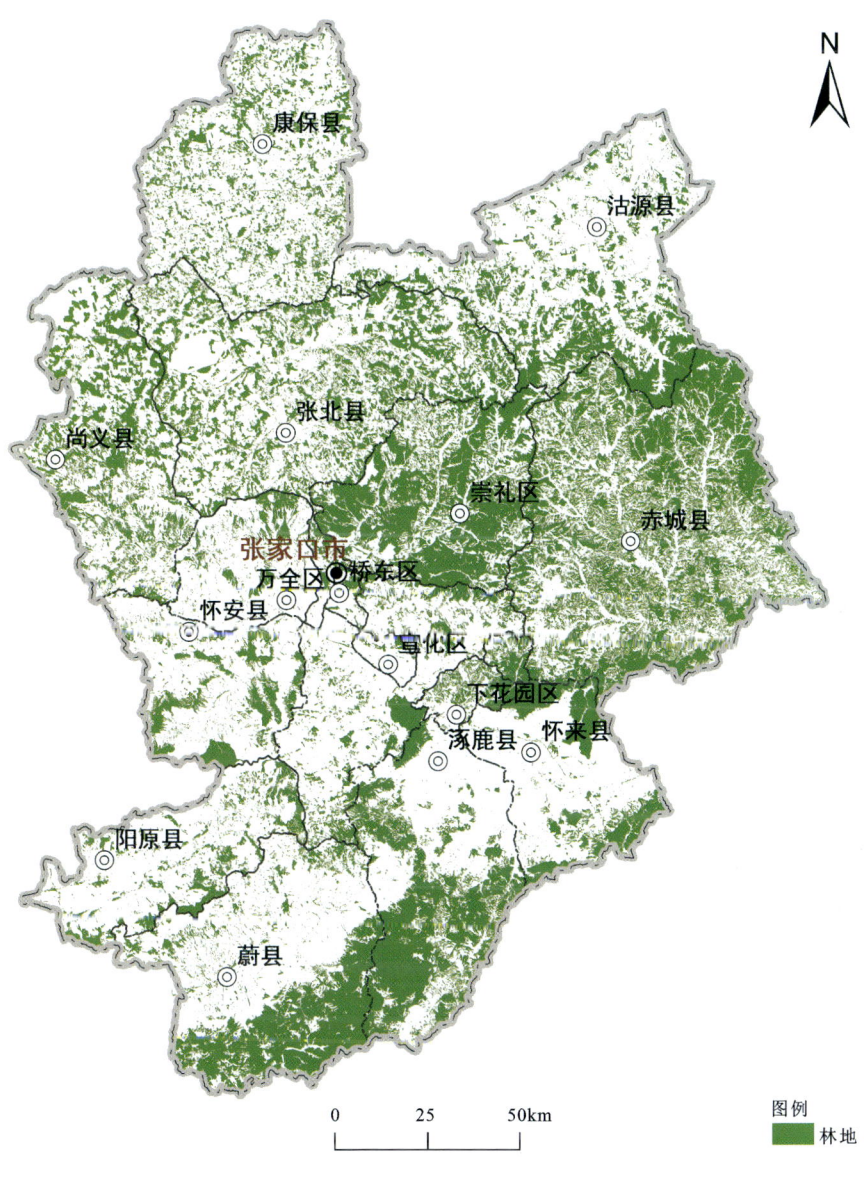

图 3-1　研究区 2018 年林地资源分布图

图 3-2 研究区 2018 年草地资源分布图

第三章 主要生态地质资源与环境问题分布

图 3-3 研究区 2018 年湿地资源分布图

第二节　主要生态地质环境问题发育特征

一、土地沙化

根据区域遥感解译估算结果,截至 2018 年底,研究区土地沙化分布面积约 8 899.12km²,占研究区面积的 24.18%,主要分布在坝上地区的康保县、沽源县、张北县以及尚义县部分地区。其中,轻度沙化土地面积 7 840.39km²,占土地沙化面积的 88.10%,在坝上地区大面积分布;中度沙化土地面积 984.92km²,占土地沙化面积的 11.07%,主要在康保县和沽源县域内零散分布;重度沙化土地面积 72.27km²,占土地沙化面积的 0.81%,在康保县照阳河镇南部、卢家营乡等地零散分布,沽源县长梁乡有少量分布;极重度沙化土地面积 1.54km²,占土地沙化面积的 0.02%,主要在康保县域内呈点状分布(表 3-1)。

表 3-1　研究区 2018 年土地沙化分布概况一览表

土地沙化级别	分布面积/km²	占比/%
轻度	7 840.39	88.10
中度	984.92	11.07
重度	72.27	0.81
极重度	1.54	0.02
合计	8 899.12	100.00

二、矿山地貌景观破坏

在历史时期,研究区矿山地貌景观破坏原因主要为矿业活动占地。根据区域遥感解译结果,截至 2018 年,因矿业活动占地引起的地形地貌景观破坏面积约 389.55km²,占研究区面积的 1.06%,多集中分布于怀安县西部、尚义县南部、阳原县北部、蔚县西北部、宣化区、桥东区、崇礼区南部、怀来县西北部、赤城县西部,其他地区零散分布。其中,采场占地面积最大,约 194.89km²,占破坏面积的 50.03%;其次为选矿场,占地面积约 73.22km²,占破坏面积的 18.80%;再次为废石堆,占地面积约 69.34km²,占破坏面积的 17.80%;其他占地较大的有尾矿库，占地面积约 16.74km²，占破坏面积的 4.30%。

根据区域遥感解译结果，截至 2003 年，因矿业活动占地引起的地形地貌景观破坏面积约 67.57km²，占研究区面积的 0.18%。其中，采场占地面积最大，约 31.16km²，占破坏面积的 46.12%；其次为选矿场，占地面积约 14.25km²，占破坏面积的 21.09%；再次为堆煤场，占地面积约 6.32km²，占破坏面积的 9.35%。

2003—2018 年，研究区因矿业活动占地引起的地形地貌景观破坏面积增加了 321.98km²。值得关注的是，据张家口新闻网相关报道，在之后的 2018—2020 年期间，矿山生态环境恢复治理工作取得了明显进展，333 个持证矿山、584 处责任主体灭失矿山通过综合治理，矿山生态环境得到了有效改善，治理面积约 8.9 万亩，多年来因矿山开采而裸露的山体重披绿装，生态环境明显改善，涉及全市 90% 的矿山环境问题基本解决。

三、地质灾害（隐患）

根据区域遥感解译结果，结合收集的资料，截至 2018 年，研究区地质灾害（隐患）共 638 处，多分布在坝下地区，坝上康保县西北部、尚义县南部、张北县西南部和东部、沽源县南部亦有分布。其中，崩塌（隐患）共计 189 处，主要分布在阳原县、崇礼区和赤城县；滑坡（隐患）共计 47 处，主要分布在阳原县、张北县和尚义县；泥石流（隐患）共计 402 处，主要分布在崇礼区、赤城县和沽源县。

从发育规模上来看，2018 年研究区地质灾害（隐患）以小型为主，分布 558 处，占地质灾害（隐患）总数的 87.5%；中型次之，分布 71 处，占地质灾害（隐患）总数的 11.1%；特大型、大型较少。其中，小型崩塌（隐患）163 处，占崩塌（隐患）总数的 86.2%；中型崩塌（隐患）24 处，大型崩塌（隐患）2 处，分别占崩塌（隐患）总数的 12.7% 和 1.1%。小型滑坡（隐患）42 处，占滑坡（隐患）总数的 89.4%；中型滑坡（隐患）5 处，占滑坡（隐患）总数的 10.6%。小型泥石流（隐患）353 处，占泥石流（隐患）总数的 87.8%；中型泥石流（隐患）42 处，占泥石流总数的 10.4%。

截至 2003 年，张家口地区地质灾害（隐患）共 569 处。其中，崩塌（隐患）共 123 处，主要分布在阳原县、赤城县和宣化区。滑坡（隐患）共计 54 处，主要分布在阳原县、尚义县和张北县；泥石流（隐患）共计 392 处，主要分布在崇礼区、沽源县和赤城县。

由于遥感精度的提高和自然条件的影响，2003—2018 年统计结果显示，研究区地质灾害（隐患）增加 69 处，其中，崩塌（隐患）增加 66 处，滑坡（隐患）减少 7 处，泥石流（隐患）增加 10 处。值得注意的是，截至 2020 年，张家口市有关部门编制完善了《张家口市突发地质灾害应急预案》,完成了市、县地质灾害"十三五"防治规划、8处重点地质灾害点勘查和19个县级地质灾害气象预报预警信息平台建设;完善了地质灾害防治信息网,对多处重大地质灾害隐患点实施工程治理或搬迁避让,重点实施了桥东区、崇礼区、沽源县、怀来县等地质灾害隐患点的治理工程,地质灾害防御与治理效果显著。

四、湖淖萎缩

基于遥感影像,2018年在研究区坝上区域共解译获取湖淖图斑144个(图3-4),估算湖淖面积约125.26km²。2003年共解译获取湖淖图斑221个,估算湖淖面积152.59km²。与2003年相比,2018年湖淖数量减少77个,减少比例34.84%;面积减少约27.33km²,减少比例17.91%。遥感影像显示,部分小型湖淖出现干涸现象,部分大型湖淖出现萎缩现象。

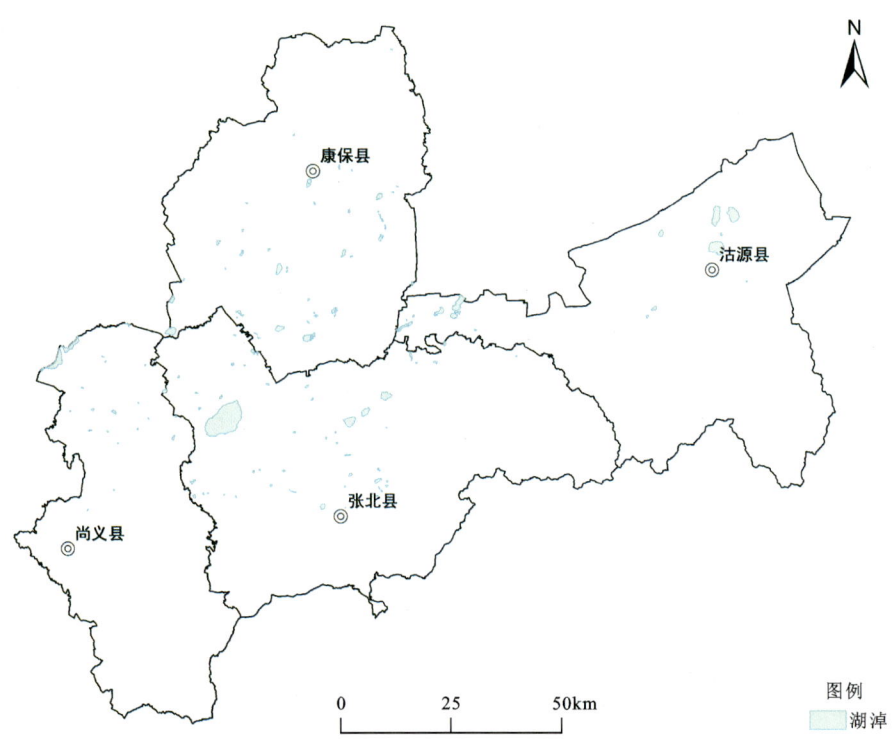

图3-4 研究区坝上区域2018年湖淖分布图

第四章　地下水水位变化与化学质量评价

本次以松散岩类浅层孔隙地下水为研究对象。研究区坝上地区松散岩类浅层地下水主要是第四系和新近系孔隙水，成因类型一般为冲洪积、风洪积和湖积；坝下地区松散岩类浅层地下水主要为第四系孔隙水，分布于山间盆地，主要成因类型为冲积、冲洪积和坡洪积。

第一节　地下水流场及水位变化

一、坝上地区地下水流场及变化特征

坝上高原地区松散岩类孔隙含水层岩性主要为砂砾石、粗砂和粉细砂，接受大气降水和地表水入渗补给。地下水总体由丘陵区流向高原中心地带，侧向补给孔隙地下水，地势相对低洼的湖淖形成地下水天然排泄区，地下水排泄以蒸发和人工开采为主。2021年7月，坝上高原地区浅层地下水水位介于1 038.8~1 571.76m，水位埋深一般为3~12m，最深可达47.49m。地下水水位较高区域主要分布于康保县北部和张北县、沽源县东南部（图4-1）。2020年6月，坝上高原地区浅层地下水水位介于993.6~1 510.46m，水位埋深一般为5~20m，最深可达48.48m（图4-2）。

两年间地下水流场特征总体一致。较2020年6月，2021年地下水水位总体呈回升趋势，康保县西南部、尚义县北部区域地下水水位上升较为明显，局部上升幅度可达5m；康保县照阳河镇北部等部分区域地下水水位呈现下降状态。

二、坝下地区地下水流场及变化特征

坝下盆缘山地、河间山地以及盆中山前倾斜平原上部无良好隔水层分布，砂砾石裸露地表，降水和地表径流入渗，侧向补给倾斜平原中部—前缘以及河流冲洪积平原，地下水以明泉、暗流方式在各大河流及其两岸冲洪积交汇部位形成天然

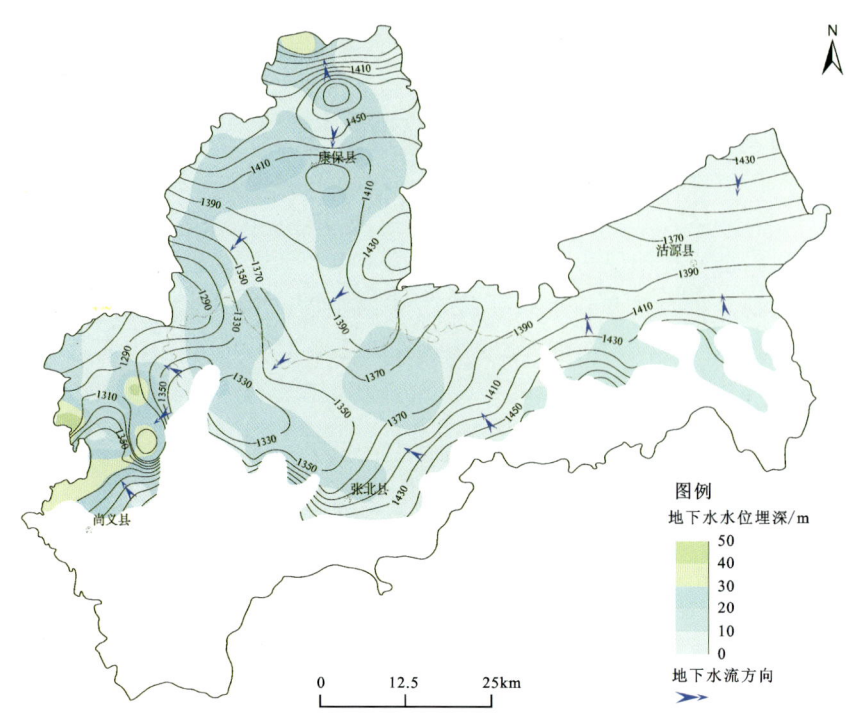

图 4-1 坝上地区浅层地下水流场与水位埋深图（2021 年 6 月）

排泄区。平原区工农业生产较发达，人工开采成为主要的地下水排泄方式。2020年 6 月，坝下张宣盆地、蔚阳盆地和涿怀盆地浅层地下水水位分别为 557.08～1 323.91m、813.96～1 273.37m、444.75～1 159.51m（图 4-3）。

同比 2019 年 6 月，张宣盆地、涿怀盆地流场一致性较好，而蔚阳盆地流场因地下水开采出现变化（图 4-4）。从地下水水位变化来看，宣化区、桥东区和桥西区大部分区域水位回升明显，蔚阳盆地和涿怀盆地部分区域水位下降。

三、不同地貌单元地下水水位动态变化特征

利用 13 个浅层地下水水位监测井数据，分析坝上高原、张宣盆地、涿怀盆地和蔚阳盆地 4 个地貌单元地下水水位 2017—2020 年变化特征（图 4-5）。

坝上高原（张北县、康保县、沽源县、尚义县）监测井地下水水位波动变化较明显，总体在 6—10 月出现明显下降，于 11 月至次年 5 月出现明显回升（图 4-5a）。2017—2020 年，康保县监测点地下水水位变化不明显，张北县、沽源县监测点地

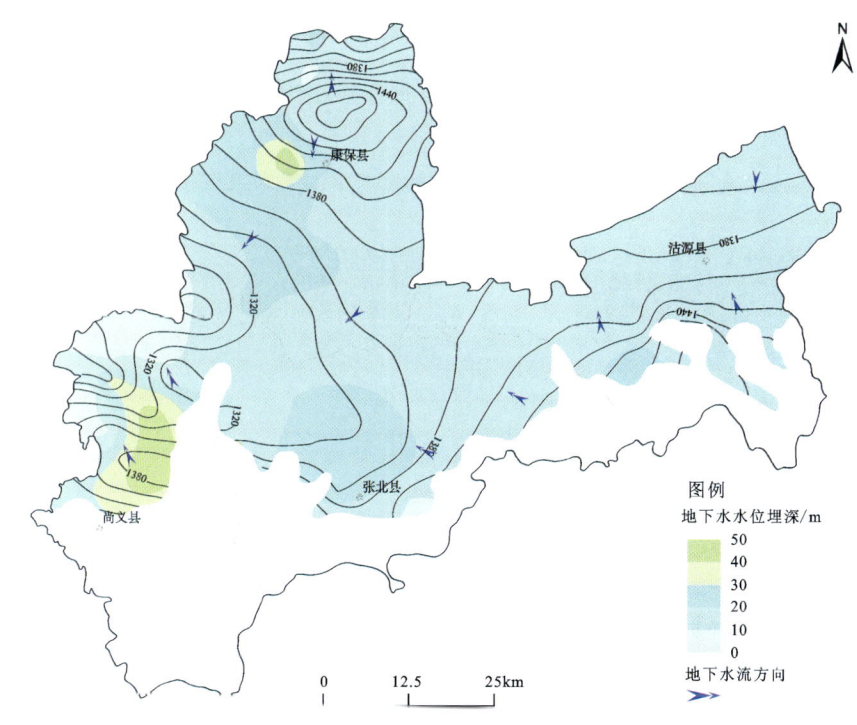

图 4-2　坝上地区浅层地下水流场与水位埋深图（2020 年 6 月）

下水水位总体呈现轻微上升趋势，尚义县监测点地下水水位总体呈现轻微下降特征。

张宣盆地（市辖区、桥西区、宣化区、怀安县、万全区）监测井地下水水位波动变化不大，总体在 6—9 月出现明显下降，于 10 月至次年 5 月出现明显回升，趋于平稳（图 4-5b）。2017—2020 年，市辖区、桥西区、怀安县监测点地下水水位总体变化不明显，万全区监测点地下水水位总体呈现轻微上升趋势，宣化区监测点地下水水位总体呈现轻微下降特征。

涿怀盆地（怀来县、涿鹿县）监测井地下水水位波动变化不明显，总体在 6—9 月出现轻微下降，于 10 月至次年 5 月出现回升（图 4-5c）。2017—2020 年，怀来县、涿鹿县监测点地下水水位总体呈现轻微上升趋势。

蔚阳盆地（蔚县、阳原县）监测井地下水水位波动变化明显，总体在 7—10 月出现明显下降，于 11 月至次年 6 月出现明显回升（图 4-5d）。2017—2020 年，蔚县、阳原县监测点地下水水位总体较为平稳。

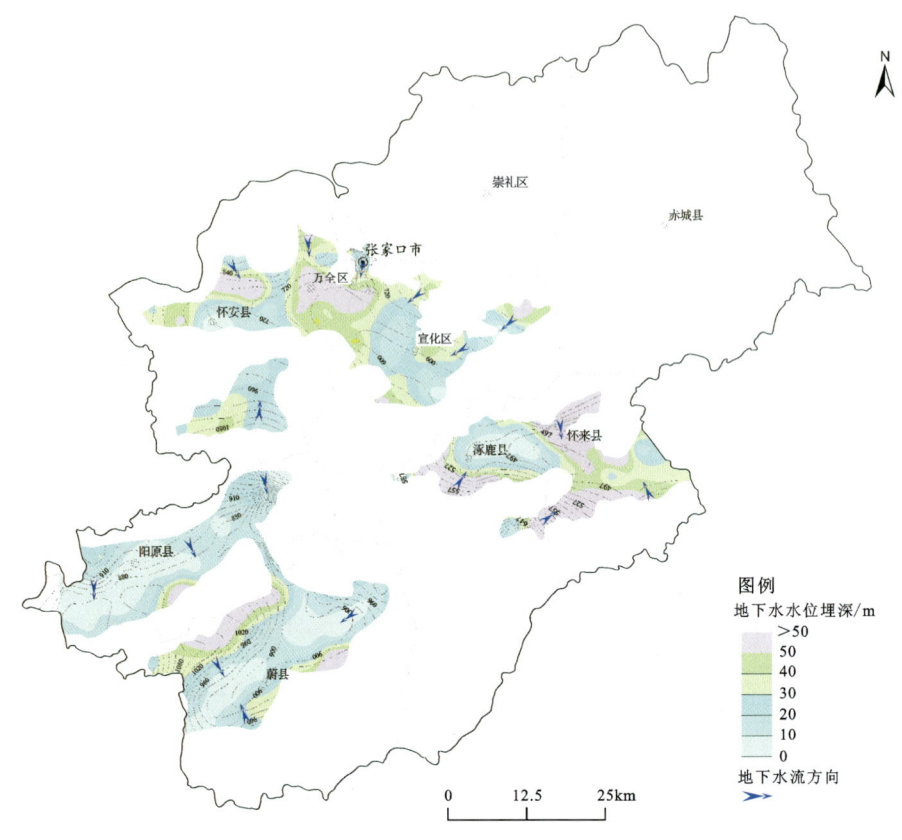

图 4-3 坝下地区浅层地下水流场与水位埋深图（2020 年 6 月）

四、年内动态变化特征

利用 4 个监测井浅层地下水水位数据，分析不同地貌单元地下水水位年内变化特征。低水位期一般出现在 5—6 月，高水位期一般出现在 9—10 月。浅层地下水水位年内动态变化随大气降水的变化明显，主要受降水量和开采量的共同影响。

坝上康保地区每年 5 月底至 7 月上旬由于农业开采地下水灌溉及浅层蒸发，浅层地下水水位很快下降至年内最低水位，之后随着降水量增大，农业开采量减少以至停采，地下水水位开始回升，至 12 月达最高水位期，而后由于蒸发排泄而缓慢下降（图 4-6）。

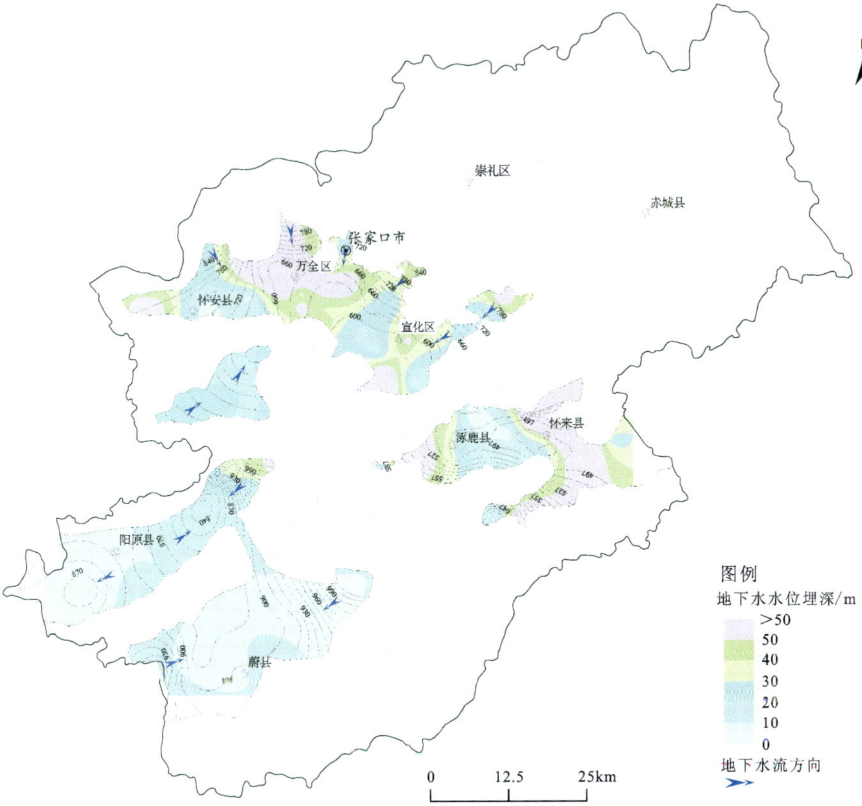

图 4-4 坝下地区浅层地下水流场与水位埋深图(2019 年 6 月)

张宣盆地宣化地区浅层地下水水位 6 月上旬至 7 月上旬下降至年内最低水位,之后随着降水量增大、农业开采量减少,地下水水位开始回升,至 11 月达最高水位期,而后由于蒸发排泄而缓慢下降,直至趋于平稳(图 4-7)。

涿怀盆地怀来地区由于 5 月上旬至 6 月下旬农业开采量增大,浅层地下水水位下降至年内最低水位,之后随着降水量增大、农业开采量减少,地下水水位开始回升,至 11 月中旬达最高水位期,之后趋于平稳至 4 月中旬(图 4-8)。

蔚阳盆地阳原地区浅层地下水水位整体呈下降趋势,9—10 月地下水水位达最高水位期,之后呈缓慢下降趋势,5 月中旬至 6 月下旬下降至年内最低水位(图 4-9)。

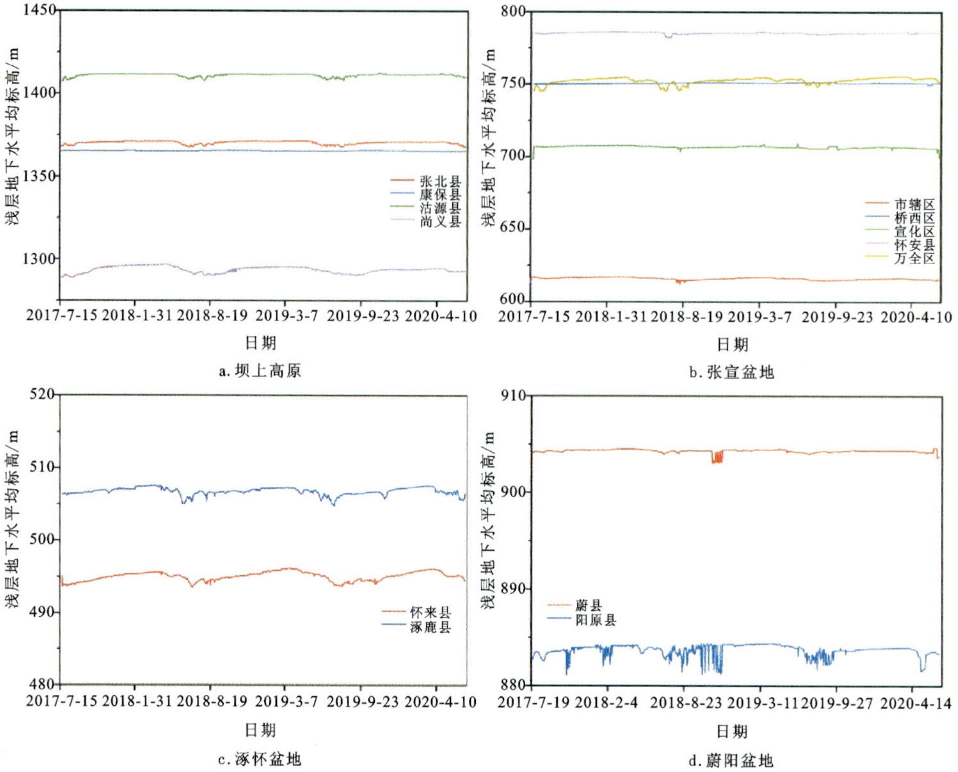

图4-5 2017—2020年研究区不同地貌单元监测井地下水水位动态变化图

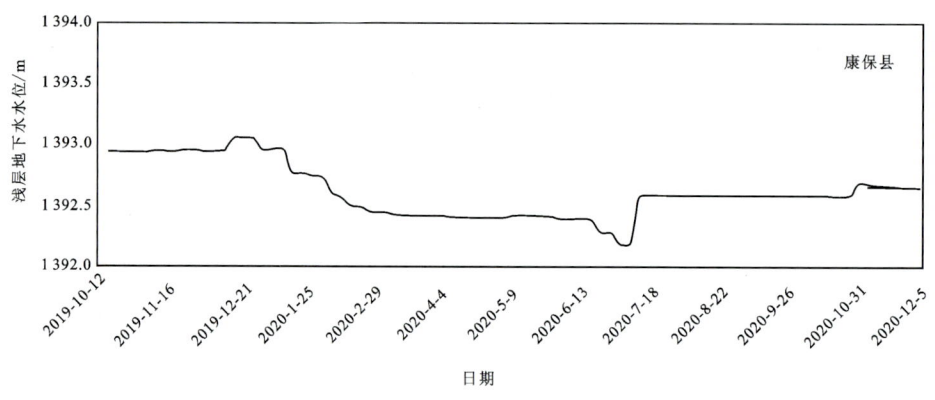

图4-6 坝上康保县刘美营村浅层地下水水位年内动态变化图

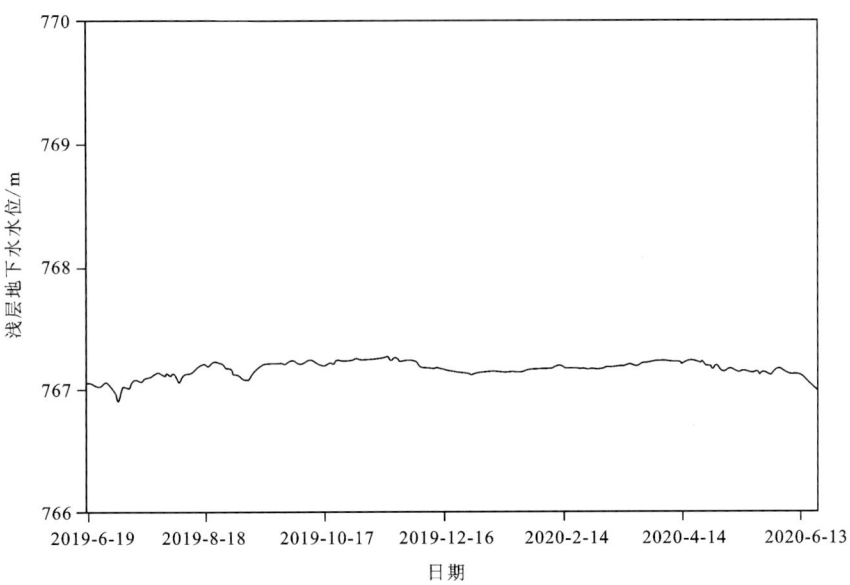

图 4-7　宣化区赵川镇要家庄村浅层地下水水位年内动态变化图

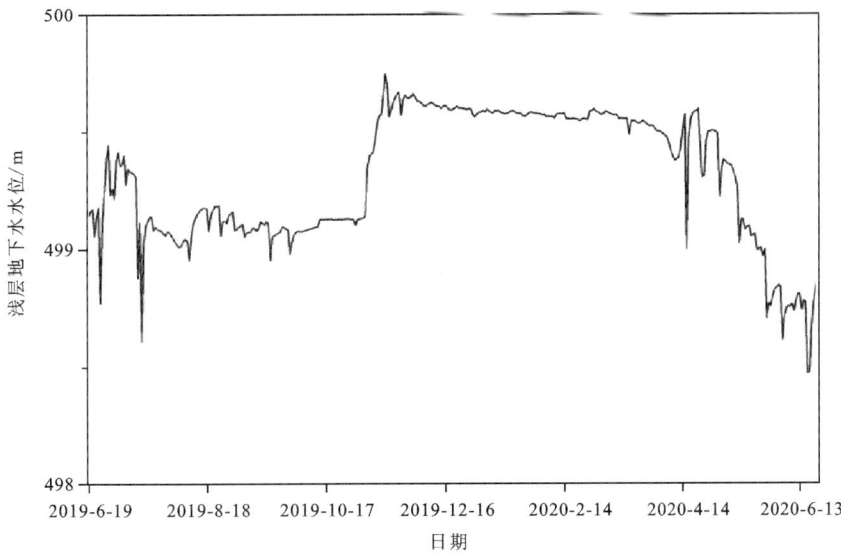

图 4-8　怀来县东八里村西南浅层地下水水位年内动态变化图

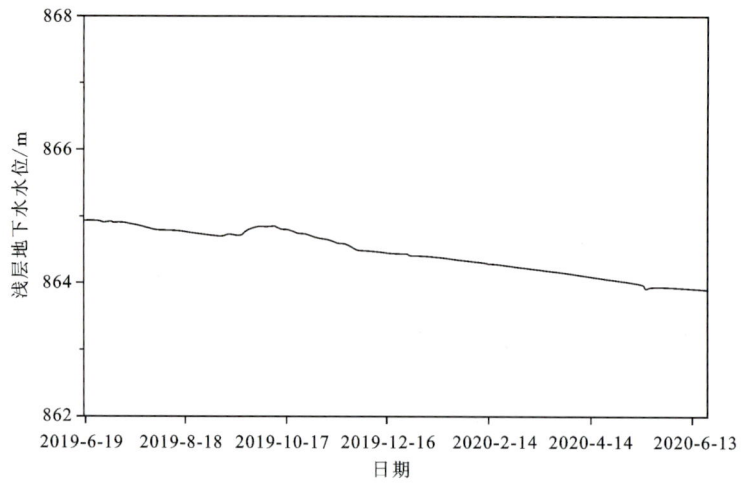

图 4-9 阳原县化稍营四村西北公路以西浅层地下水水位年内动态变化图

第二节 地下水化学质量评价

一、地下水化学类型

基于177件地下水样品化学测试统计数据,依据舒卡列夫分类法,取样区域的浅层地下水阴离子化学类型可划分为 HCO_3 型、$HCO_3 \cdot SO_4(Cl)$ 型、$SO_4(Cl)$ 型、$Cl \cdot HCO_3$ 型、$HCO_3 \cdot NO_3$ 型或 NO_3 型(图4-10),阳离子化学类型可划分为 Ca 型和 $Ca \cdot Mg$ 型,部分样品中出现 $Mg \cdot Ca$ 型、$Ca \cdot Mg \cdot Na$ 型、$Na \cdot Mg$ 型和 Na 型。

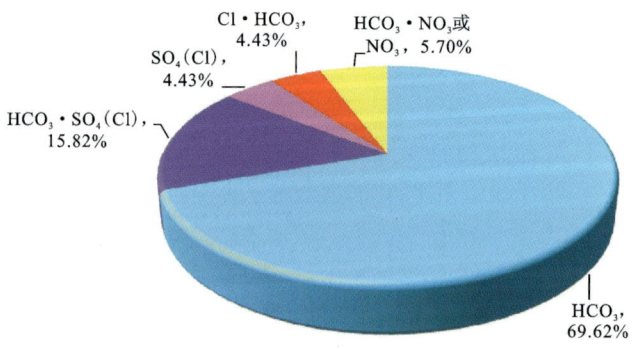

图 4-10 研究区浅层地下水样品阴离子化学类型占比图

1. HCO₃型地下水

HCO₃型地下水在坝上高原南北两侧的丘陵区和坝下盆缘山地、河间山地及山前倾斜平原上部广泛分布（图4-11），这些区域无相对连续隔水层分布，为地下水补给区，径流条件好、路径短，地下水循环交替频繁。此类型地下水样品中pH值为7.12～8.42，TDS值为52～800mg/L。

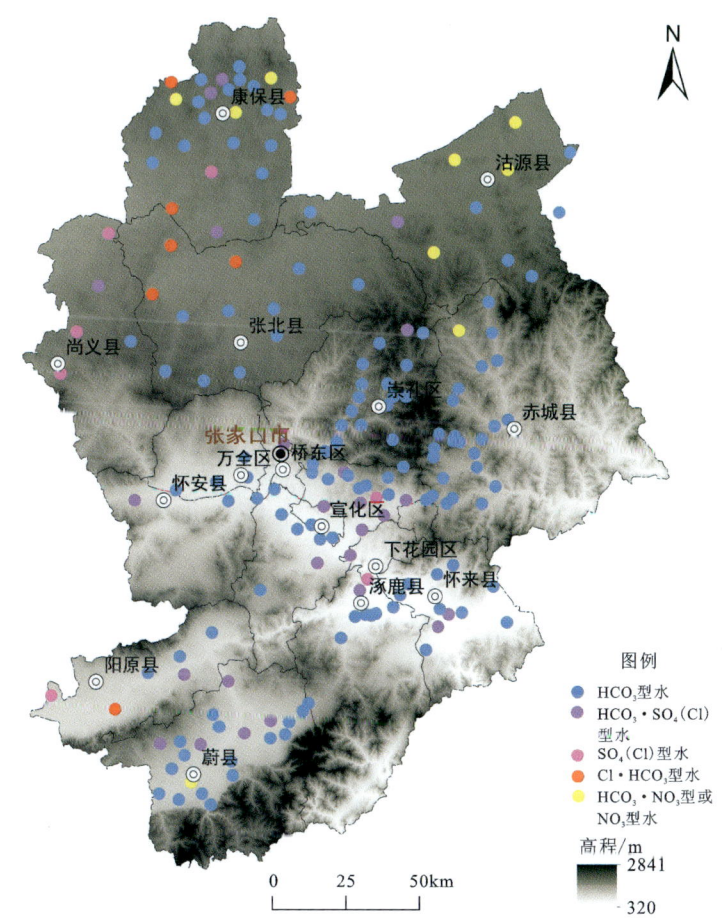

图4-11 研究区浅层地下水样品阴离子化学类型分布图

2. HCO₃·SO₄(Cl)型地下水

HCO₃·SO₄(Cl)型地下水在坝上高原缓坡丘陵区和坝下柴宣盆地、蔚阳盆地的山前倾斜平原中部—前缘或者河流冲积平原较多分布(图 4-11)。这些区域含水层岩性颗粒越来越细,径流条件由好逐渐变差,地下水循环交替较慢。此类型地下水样品中 pH 值为 7.22~8.92,TDS 值为 112~972mg/L。

3. $SO_4(Cl)$ 型地下水

研究区仅有少部分样点为 $SO_4 \cdot HCO_3$ 型或 $SO_4 \cdot Cl$ 型地下水,主要分布于坝上高原地下水径流-排泄(汇流)区(图 4-11)。该类型浅层地下水水位埋深较浅,地下水循环交替慢。此类型地下水样品中 pH 值为 7.53~8.21,TDS 值为 620~1860mg/L,地下水由淡水逐渐变化为微咸水。

4. $Cl \cdot HCO_3$ 型地下水

$Cl \cdot HCO_3$ 型地下水在坝上高原中心的波状平原区较多分布(图 4-11)。该区域为地下水排泄区,地下水水位埋深较浅,蒸发为其主要排泄方式。此类型地下水样品中 pH 值为 7.55~7.98,TDS 值为 850~2580mg/L,以微咸水为主。

5. $HCO_3 \cdot NO_3$ 型或 NO_3 型地下水

$HCO_3 \cdot NO_3$ 或 NO_3 型地下水在坝上高原地区较多分布(图 4-11)。据野外调查,坝上高原地区产业以农业和畜牧业为主,在大部分地区农牧业区呈片状分布,而人类农业活动、禽畜粪便堆放等生产活动可导致地下水中硝酸盐含量升高。从地下水化学类型可以推断,局部地区地下水化学成分可能受到人类活动影响较大。

二、地下水化学形成与演化

(一)常规离子的自然来源

从吉布斯(Gibbs)图可以看出(图 4-12),大部分浅层地下水样品分布在受岩石风化作用控制的区域,特别是在清水流域和白河流域,说明成岩矿物的风化/溶解是影响地下水常规离子含量的主导因素。相比之下,降水过程对离子含量的控制并不明显。

含水层围岩矿物的风化/溶解是中等 TDS 值,$Na^+/(Na^+ + Ca^{2+})$、$Cl^-/(Cl^- + HCO_3^-)$ 值较低地下水的主要离子来源。然而,在部分样品中,尤其是在坝上高原,地下水的 $Na^+/(Na^+ + Ca^{2+})$、$Cl^-/(Cl^- + HCO_3^-)$ 值随 TDS 值的升高呈现出一定的增加趋势,并逐渐地接近蒸发过程区域,表明部分地下水在循环和演化过程中受到不同程度的蒸发浓缩作用影响。另外,坝上高原、桑干河流域和洋河流域的部分样品分布在 Gibbs 图的中部和右侧,具有中等的 TDS 值,而 $Na^+/(Na^++Ca^{2+})$ 值较高(>0.5),可能存在地下水中阳离子交换和吸附左右(即围岩矿物中的 Na^+ 和 K^+ 不断置换地下水中的 Ca^{2+} 和 Mg^{2+})[18,19]。

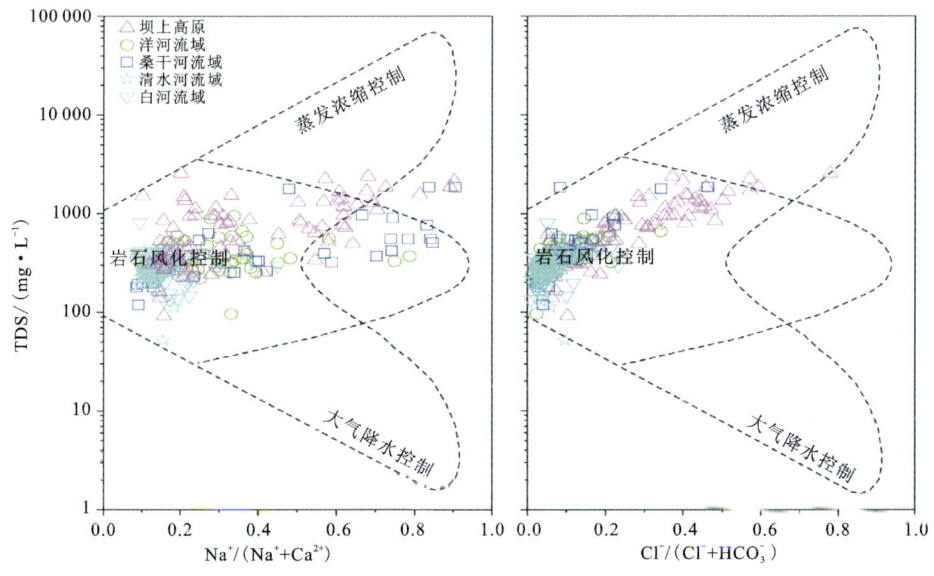

图 4-12　研究区浅层地下水样品 Gibbs 图

(二)水文地球化学演化过程

1. 主要离子和水-岩相互作用

根据浅层地下水中主要阳离子(K^+、Na^+、Ca^{2+}、Mg^{2+}、Cl^-、HCO_3^-、SO_4^{2-}),绘制浅层地下水离子比关系图(图 4-13),可以区分地下水化学形成和演化过程中不同的水岩相互作用。如图 4-13a 所示,大部分水样的 Na^+/Cl^- 值均大于 1,Na^+ 与 Cl^- 含量之间没有显著的相关性,说明单一的岩盐溶滤作用并不是形成地下水化学成分的主要来源[20]。此外,如果蒸发作用是影响地下水化学形成和演化的主导作用,则地下水中 Na^+/Cl^- 值应保持不变[21]。然而,地下水中 Na^+/Cl^- 值随 Cl^- 浓度的增加而降低(图 4-13a),其中洋河流域、桑干河流域、清水河流域和白河流域的 Na^+/Cl^- 值较低,说明控制地下水水文地球化学组分的主导因素是水-岩相互作用。地下水中大量的 Na^+ 也可能来源于硅酸盐风化过程[式(4-1)][20]或者阳离子正交替吸附作用[式(4-2)][22-24]。

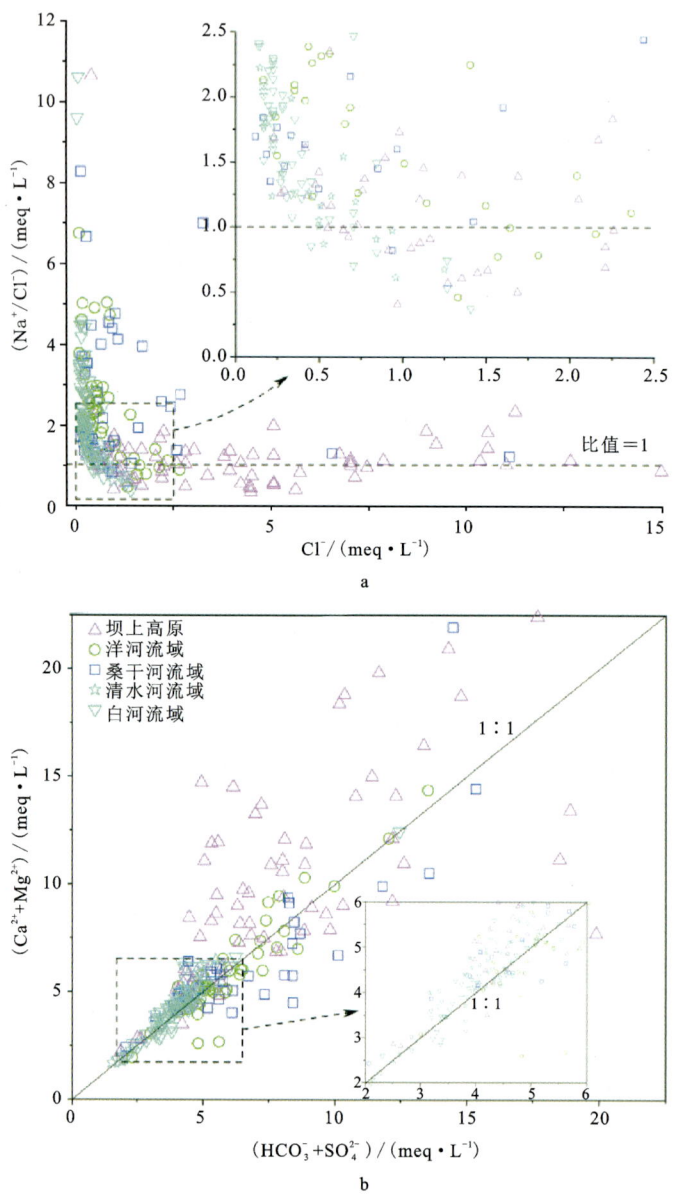

图 4-13 研究区浅层地下水离子比关系图

$$2NaAlSi_3O_8 + 2CO_2 + 11H_2O = 2Na^+ + Al_2Si_2O_5(OH)_4 + 4H_4SiO_4 + 2HCO_3^-$$
(4-1)

$$2Na^+/K^+(围岩) + Ca^{2+}/Mg^{2+}(水) = 2Na^+/K^+(水) + Ca^{2+}/Mg^{2+}(围岩)$$
(4-2)

如果碳酸盐矿物（如方解石和白云石）和蒸发盐矿物（如石膏）是地下水中 Ca^{2+}、Mg^{2+}、SO_4^{2-} 和 HCO_3^- 的唯一来源,那么 $(Ca^{2+}+Mg^{2+})/(HCO_3^-+SO_4^{2-})$ 的值应为 1 或接近 1[25]。在图 4-13b 中,坝上高原大部分地下水样品中具有过量的 Ca^{2+} 和 Mg^{2+},样品点多数位于 1∶1 线的上方,且远离 1∶1 线,表明坝上高原地下水中 Ca^{2+} 和 Mg^{2+} 有其他的来源或者较强的阳离子负交替吸附作用[式(4-3)]。相反,大部分坝下盆地各流域地下水样品接近或者略高于 1∶1 线,说明该地区地下水中 Ca^{2+} 和 Mg^{2+} 可能主要来源于方解石、白云石和石膏的溶滤作用。但是,依然存在硅酸盐矿物风化/溶解[式(4-5)]和阳离子负交替吸附作用影响的可能性[式(4-3)]。此外,一些地下水样品点位于 1∶1 线的下方,具有相对较高的 HCO_3^- 含量,揭示了硅酸盐矿物的风化/溶解对这些地下水化学组分的影响[式(4-1)、式(4-4)][26]或者阳离子正交替吸附作用[式(4-2)]。

$$2Na^+/K^+(水) + Ca^{2+}/Mg^{2+}(围岩) = 2Na^+/K^+(围岩) + Ca^{2+}/Mg^{2+}(水)$$
(4-3)

$$CaAl_2Si_2O_8 \cdot 2NaAlSi_3O_8 + 3CO_2 + 5H_2O = 2Al_2Si_2O_5(OH)_4 + CaCO_3 + 4SiO_2 + 2Na^+ + 2HCO_3^-$$
(4-4)

$$CaAl_2Si_2O_8 + 2CO_2 + 3H_2O = Al_2Si_2O_5(OH)_4 + Ca^{2+} + 2HCO_3^-$$ (4-5)

地下水中的 Na^+/K^+（Ca^{2+}/Mg^{2+}）可以被围岩矿物中的 Ca^{2+}/Mg^{2+}（Na^+/K^+）置换,发生阳离子交替吸附作用[式(4-2)、式(4-3)],这是地下水化学形成的一个重要过程。通常,$(Na^++K^+-Cl^-)$ 和 $(Ca^{2+}+Mg^{2+}-HCO_3^--SO_4^{2-})$ 的关系被用于识别地下水中是否发生过阳离子交替吸附作用。但是,人为输入的 NO_3^- 离子不可忽略,因此也排除人为输入的 Na^+、K^+ 含量（假设人为输入 Na^+、K^+ 与 NO_3^- 毫克当量浓度相当）,则 $(Ca^{2+}+Mg^{2+}-HCO_3^--SO_4^{2-})/(Na^++K^+-Cl^--NO_3^-)$ 值应为 -1。在图 4-14 中,当地下水样品点均位于 -1∶1 线上且远离原始点时,表明研究区地下水存在明显的阳离子交换[27-29]。如图 4-14 所示,当取样点位于第 I 象限时,围岩矿物所吸附的 Ca^{2+}/Mg^{2+} 置换地下水中的 Na^+/K^+,而位于第 II 象限时则发生反向阳离子交替吸附作用。地下水样品主要分布在第 I 象限和第 II 象限,除少数样品外,大部分位于 -1∶1 线附近,并且水样总体的线性关系为 $y=-0.9984x+0.1824$（$R^2=0.9863$）,相关系数较高,且斜率接近 -1,说明地下水中阳离子交换作用较明显。

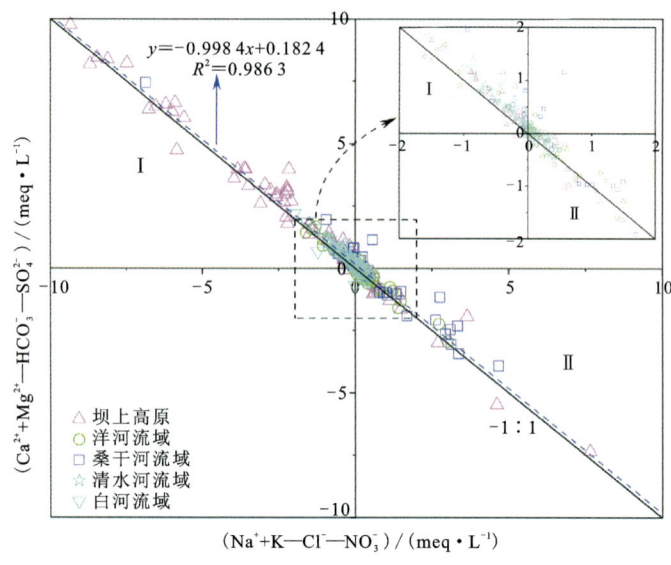

图 4-14 不同区域浅层地下水化学组分的关系图

坝上高原地区大多数地下水样品点位于或紧靠-1∶1 线,其线性关系为 $y=-0.985\ 7x+0.157\ 4$($R^2=0.987\ 8$),且大多数样品位于第Ⅰ象限,表明该地区发生较强的阳离子交替吸附作用,围岩矿物所吸附的 Ca^{2+}/Mg^{2+} 置换地下水中的 Na^+/K^+。结合图 4-14 得知,坝上高原地下水化学成分形成的主要控制作用是硅酸盐风化/溶解过程和阳离子交换。但是,同样存在少量样品位于第Ⅱ象限和-1∶1 线附近,表明这些样品发生了反向阳离子交替吸附作用。相比之下,虽然大部分样品均分散地位于第Ⅰ象限和第Ⅱ象限内,但是除了洋河流域和桑干河流域少部分地下水样品,坝下盆地尤其是清水河流域和白河流域均位于或者接近原点,说明坝下地下水受到阳离子交替吸附作用的影响相对较弱。

不同围岩矿物的溶滤作用可导致地下水化学组分中具有不同的 HCO_3^-/Na^+、Ca^{2+}/Na^+、Mg^{2+}/Na^+ 值的组合[30]。与其他地区样品相比,清水河流域和白河流域地下水样品具有较高的 HCO_3^-/Na^+、Ca^{2+}/Na^+ 和 Mg^{2+}/Na^+ 值(图 4-15),这些样品分布在硅酸盐风化与碳酸盐岩溶解区域之间,但更靠近碳酸盐岩溶解区域分布;而坝上高原、洋河流域和桑干河流域,部分样品位于硅酸盐风化与碳酸盐溶解之间,也有部分样品位于硅酸盐风化与蒸发盐溶解之间。

上述分析表明,除坝上高原、洋河流域和桑干河流域的部分地下水样品外,大部分地下水化学的形成和演化不是单一岩石矿物的风化/溶解。在清水河流

第四章 地下水水位变化与化学质量评价

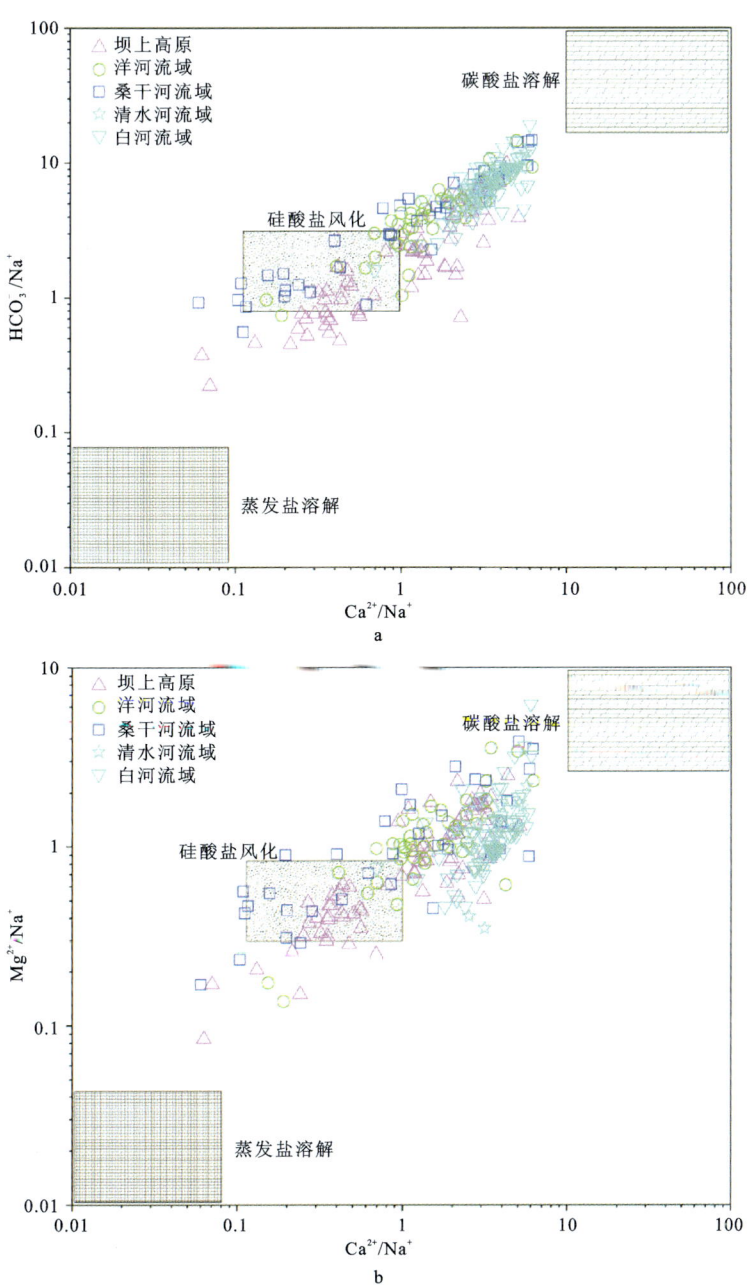

图 4-15 Ca^{2+}/Na^+ 与 HCO_3^-/Na^+ (a) 和 Ca^{2+}/Na^+ 与 Mg^{2+}/Na^+ (b) 关系图

域和白河流域,地下水化学成分的形成和演化主要受硅酸盐和碳酸盐溶滤作用的共同控制,但碳酸盐矿物的贡献相对更为显著。坝上高原、洋河流域和桑干河流域大部分地下水样品的化学成分受硅酸盐风化/溶解和碳酸盐溶滤作用的影响相当,但仍有部分样品仅受硅酸盐风化/溶解控制。另外,只有少量样品在硅酸盐和蒸发盐矿物溶滤作用下形成。

2. 人为活动对地下水化学的影响

在影响碱度的一些水化学进程中(如矿物溶解、硫化物氧化/硫酸还原等),只有铝硅酸盐或碳酸盐矿物溶解才能使碱度(研究区主要存在的是 HCO_3^-)和阳离子的增长保持将近 1∶1 的关系[18,29,31,32]。为了消除氯盐(NaCl、KCl、$CaCl_2$ 等)和硫酸盐($CaSO_4$ 等)溶解的影响(氯盐和硫酸盐溶解产生阳离子而不会增加碱度),主要阳离子的浓度为修正后的浓度(Σ 阳离子 $= Ca^{2+} + Mg^{2+} + Na^+ + K^+ - Cl^- - SO_4^{2-}$)。如上所述,研究区地下水化学组成主要受硅酸盐和碳酸盐矿物的溶解控制。因此,Σ 阳离子(主要阳离子修正后浓度)与地下水样品中的碱度之间应呈现明显的线性相关关系,应位于或接近 1∶1 线。而人类活动可在地下水中产生 Cl^-、SO_4^{2-} 等负离子,包括石盐中的 NaCl、除冰盐中的 $CaCl_2$、肥料中的 $MgSO_4$ 和 K_2SO_4 等[32]。

研究区地下水样品Σ阳离子与 HCO_3^- 的关系如图 4-16 所示,除了极少数样品外,其余样品点基本位于 1∶1 线附近且偏上方,并且越远离 1∶1 线的点,其 NO_3^- 含量越高,这说明 1∶1 线上方的水样品点阳离子总量超过碱度的量是人为活动输入的,与 NO_3^- 含量的大小具有一致性(图 4-16a)。同时可以看出,坝上高原部分样品最远离 1∶1 线且 NO_3^- 含量最高,而坝下盆地地下水中 NO_3^- 离子含量相对较低,表明受人为影响程度不同。当消除了人为活动输入的阳离子(减去与 NO_3^- 平衡的含量),得到 $(Ca^{2+} + Mg^{2+} + Na^+ + K^+ - SO_4^{2-} - Cl^- - NO_3^-)/HCO_3^-$ 值基本在 1∶1 附近(图 4-16b)。因此,碳酸盐和硅酸盐矿物的溶滤作用是地下水化学形成和演化过程中主要的水-岩作用,而人为活动输入的 NO_3^- 对水化学组分改变明显。

三、地下水质量评价

依据《地下水质量标准》(GB/T 14848—2017),选取 pH 值、总硬度、溶解性总固体(TDS)、硫酸盐、氯化物、铁、铜、锌、耗氧量(COD)、氨氮、钠、亚硝酸盐、硝酸盐、氟化物、碘化物、汞、砷、镉、铬(Cr^{6+})、铅、硼和镍 22 项指标,进行浅层地下水质量评价。

第四章 地下水水位变化与化学质量评价

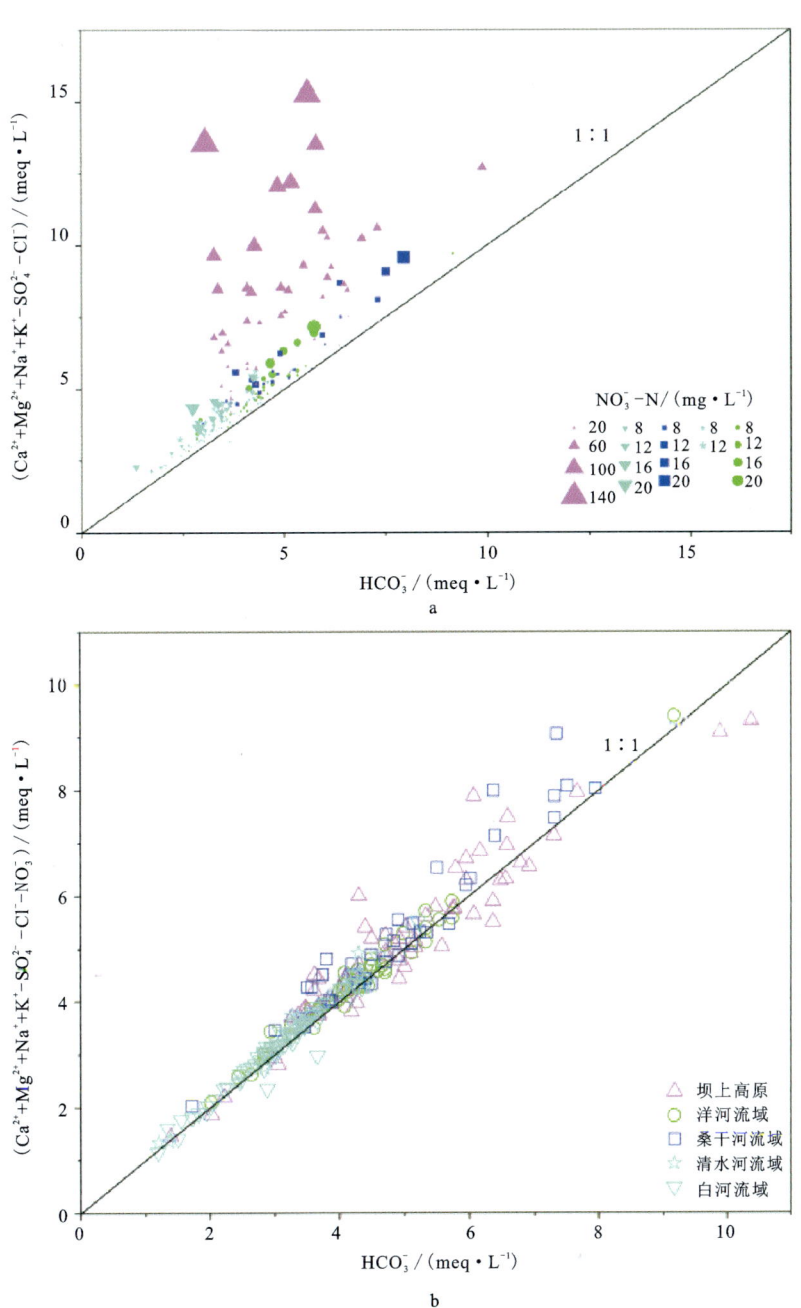

图 4-16 研究区 ∑阳离子与 HCO_3^- 的关系图

1. 单项指标水质评价

坝上高原地区样品中,浅层地下水质量指标共有10项超标,超标率由大到小依次为氟化物、总硬度、TDS、硝酸盐、氯化物、硫酸盐、钠、COD、砷和碘化物。其中,超标率大于20%的指标有氟化物、总硬度和TDS,且氟化物的超标率最高,约33.33%,氟化物最高浓度为9.38mg/L。Ⅳ类水主要影响因子有氟化物、总硬度、TDS、硝酸盐、氯化物、硫酸盐、钠、COD、砷和碘化物(图4-17)。Ⅴ类水主要影响因子有氟化物、总硬度、TDS、硝酸盐、氯化物和硫酸盐(图4-18)。

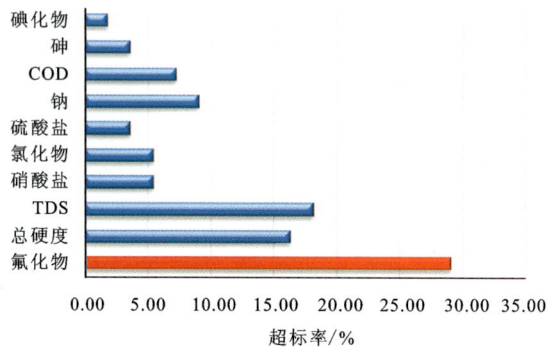

图4-17 坝上高原浅层地下水样品Ⅳ类水超标率图

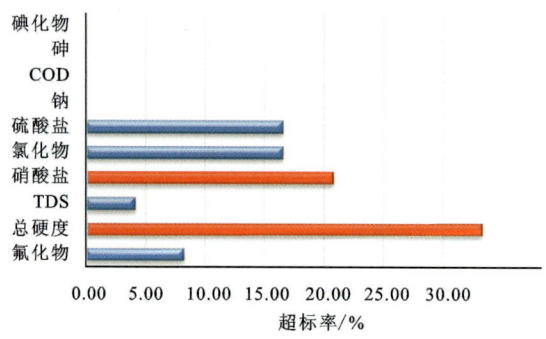

图4-18 坝上高原浅层地下水样品Ⅴ类水超标率图

坝下地区样品中,浅层地下水质量指标共有14项超标,超标率由大到小依次为氟化物、总硬度、硫酸盐、砷、TDS、硝酸盐氮、COD、硼、pH值、钠、亚硝酸盐氮、铬(Cr^{6+})、汞和铅。其中,超标率较高的指标有氟化物和总硬度,且氟化物的超标率最高,约17.89%,样品中氟化物最高浓度为3.71mg/L。Ⅳ类水主要影响因子有氟化物、总硬度、硫酸盐、砷、硝酸盐氮、pH 值、TDS、COD、钠、亚硝酸盐氮和铬(Cr^{6+})(图 4-19)。Ⅴ类水主要影响因子有氟化物、总硬度、硫酸盐、硝酸盐氮、氯化物、钠(图 4-20)。

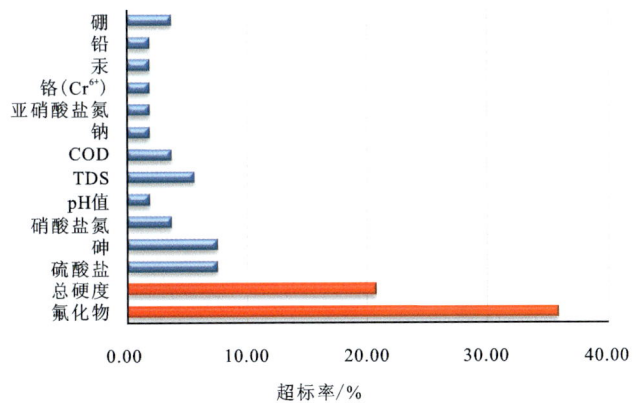

图 4-19　坝下地区浅层地下水Ⅳ类水超标率图

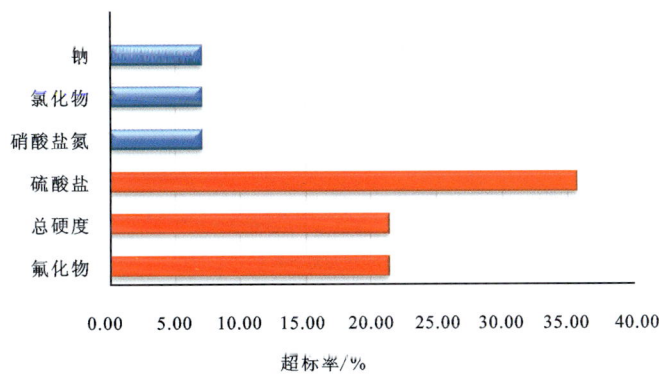

图 4-20　坝下地区浅层地下水Ⅴ类水超标率图

2. 多指标水质综合评价

坝上高原地区采集浅层地下水样品 54 组,其中 24 组样品组分达到地下水质量Ⅲ类水标准,12 组样品达到地下水质量Ⅳ类水标准,18 组样品达到Ⅴ类水标准(表 4-1,图 4-21)。坝下地区采集浅层地下水样品 123 组,其中 87 组水样组分达到地下水质量Ⅲ类水标准,26 组样品达到地下水质量Ⅳ类水标准,10 组样品达到Ⅴ类水标准(表 4-2)(图 4-21)。

表 4-1 坝上高原浅层地下水样品化学质量评价结果表

水质分级	Ⅲ类	Ⅳ类	Ⅴ类
样品数量/组	24	12	18
比例/%	44.44	22.22	33.33

表 4-2 坝下地区浅层地下水化学质量评价结果表

水质分级	Ⅲ类	Ⅳ类	Ⅴ类
样品数量/组	87	26	10
比例/%	70.73	21.14	8.13

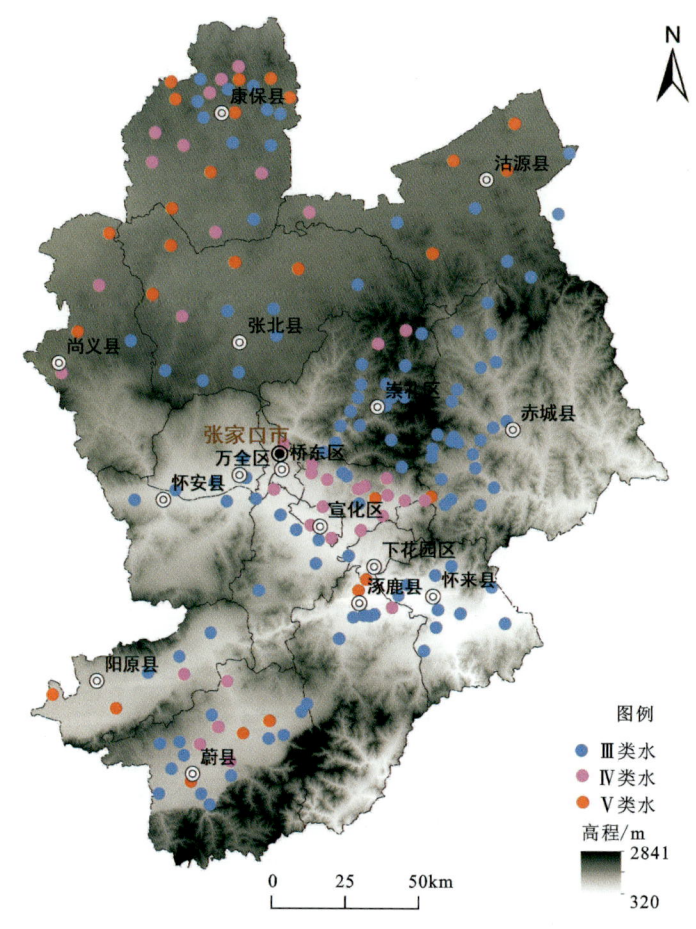

图 4-21 研究区浅层地下水样品化学质量评价图

第三节　高氟地下水成因解析

一、地下水氟含量特征

根据浅层地下水样品质量评价结果,在多种超标率指标中,氟化物的超标率最高,样点主要分布在坝上高原、洋河流域、桑干河流域、清水河流域和白河流域(图4-22)。其中,坝上高原地区地下水样品 F^- 含量 $0.30\sim3.91$mg/L,洋河流域地下水样品 F^- 含量 $0.33\sim3.71$mg/L,桑干河流域地下水样品 F^- 含量 $0.18\sim3.92$mg/L,清水河流域地下水样品 F^- 含量 $0.27\sim1.09$mg/L,白河流域地下水样品 F^- 含量 $0.1\sim1.89$mg/L。

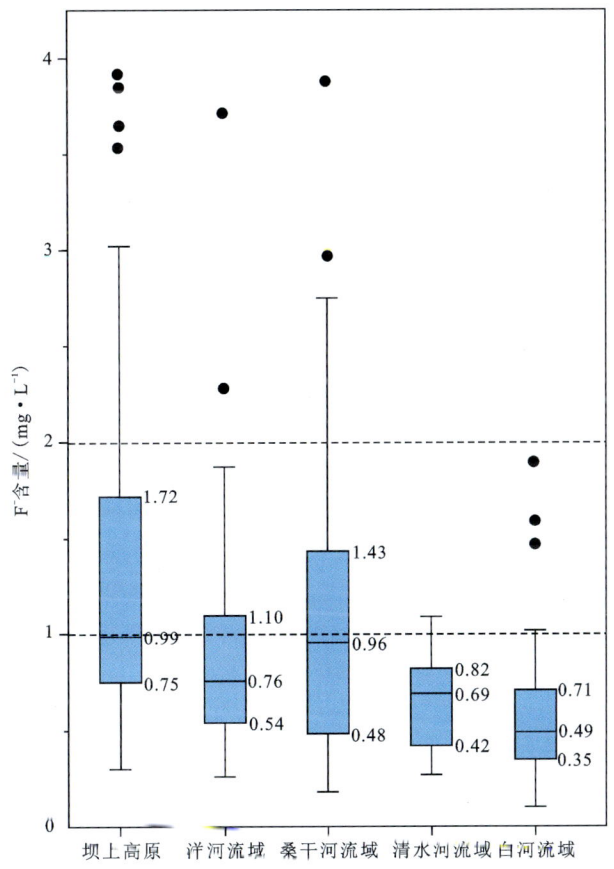

图4-22　不同区域浅层地下水中 F^- 含量箱型图

二、高氟地下水的成因分析

已有研究结果显示,氟岩浆岩在我国广泛分布,特别是华北平原、内蒙古高原、大同盆地等北部平原或盆地,是地质高氟分布带[30,33-35]。引起地下水中F^-浓度高的环境因素比较复杂,水文地质条件是其中的重要因素之一[24],F^-的迁移和聚集一般受地层岩性和地下水循环速率的控制[36]。

研究区出露地层中含有云母、角闪石、磷灰石、萤石等富氟矿物,很多地区分布岩浆热液型和火山热液型萤石矿床,特别是在坝上高原北部、洋河上游和桑干河流域。前者多见于斑状花岗岩、黑云母花岗岩和二长花岗岩中,后者多见于凝灰岩、流纹岩、火山角砾岩、火山碎屑岩和安山岩中。这构成了典型的富氟地球化学环境,为地下水中氟化物的来源提供了物质基础。

一般来说,近山地带氟化物来源丰富,但由于地下水径流较强烈,地下水交替频繁,溶滤作用比较充足,形成低 TDS 和以 Ca^{2+} 为主要阳离子的地下水,不利于 F^- 的富集,F^- 含量通常小于 1mg/L。山前倾斜平原中部—前缘或者河流冲积平原径流条件较差,地下水滞留时间相对较长,使得 F^- 容易聚集。地形平坦或低洼的排泄区,地下水以垂直交替运动为主,在浅层地下水中,氟化物等可溶性盐类仅随降水、地表水和蒸发上下移动,而不向外排放,易造成 F^- 的浓缩富集。地下水样品测试数据显示(图 4-23),F^- 含量较低($<$1mg/L)的样品主要位于坝上高原南部丘陵区、坝下盆缘山地、河间山地以及山前倾斜平原上部;F^- 含量较高($>$1mg/L)的样品主要位于坝上高原北部缓坡丘陵区、高原中心和坝下山前倾斜平原中部—前缘或者河流冲积平原。虽然本次样品采集区域和采集精度有限,但也能反映出水文地质条件是导致高氟化物地下水集中分布的原因之一。

另外,富氟矿物的风化/溶解[37-39]、F^- 的富集和消耗都与地下水赋存的地球化学环境密切相关[24,30,40]。已有研究表明,我国北方弱碱性地下水中普遍存在高 F^- 含量[30]。在碱性条件下,Na^+、HCO_3^- 浓度较高,Ca^{2+} 浓度较低的赋存环境有利于 F^- 向地下水中释放,形成高氟化物地下水[41-43];反之,在以 Ca^{2+}、Mg^{2+} 为主要阳离子的地下水环境中,F^- 与 Ca^{2+}、Mg^{2+} 的络合降低了地下水中 F^- 含量。研究区高氟地下水样品的 pH 值范围为 7.2~8.4,F^- 浓度随 pH 值的增加呈明显的增加趋势,如坝上高原、洋河流域和桑干河流域(图 4-24a)。以往的研究表明,地下水中 F^- 的含量与 CaF_2 的溶解度密切相关,受碳酸盐、硅酸盐(如钙长石)或萤石等矿物的溶解度控制[30,42,44]。因此,由于 CaF_2 的沉淀,Ca^{2+} 抑制了 F^- 在地下水中的迁移。如图 4-24b 所示,研究区地下水样品中 F^- 与 Ca^{2+} 浓度呈负相关关系,说明较高的 Ca^{2+} 浓度限制了地下水中 F^- 含量,而较低

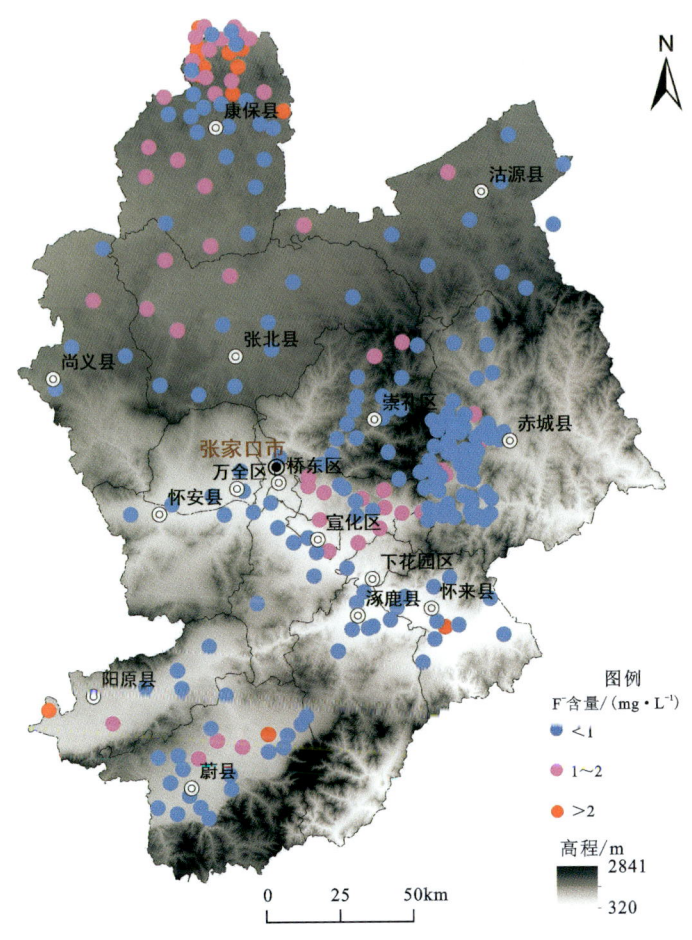

图 4-23 张家口地区浅层地下水中 F^- 含量分布图

的 Ca^{2+} 含量会促进含水层中氟化物的溶解。同时,大部分 F^- 浓度较高的地下水样品中 HCO_3^- 含量都处于中等或高水平,尤其是坝上高原和桑干河流域地下水样品(图 4-24c)。F^- 和 HCO_3^- 的浓度之间显示出正相关关系(图 4-24c),因碱度的上升促进了含氟矿物的解吸[30,42],但是不同的地形地貌条件和水文地质条件可能会影响相关性。此外,某些离子(如 Na^+、Cl^-)浓度的增加可以提高含氟矿物在沉积含水层中的溶解度。因此,高盐度会进一步促进含氟矿物在含水层中的溶解度,增加地下水中 F^- 的浓度,这在我国北方,特别是干旱或半干旱内陆盆地中是一种普遍现象[30,43]。在本次采集的地下水样品中,虽然 F^- 含量与 TDS 之间没有显著的相关关系,但这两个参数有协同增加的相关趋势(图 4-24d)。

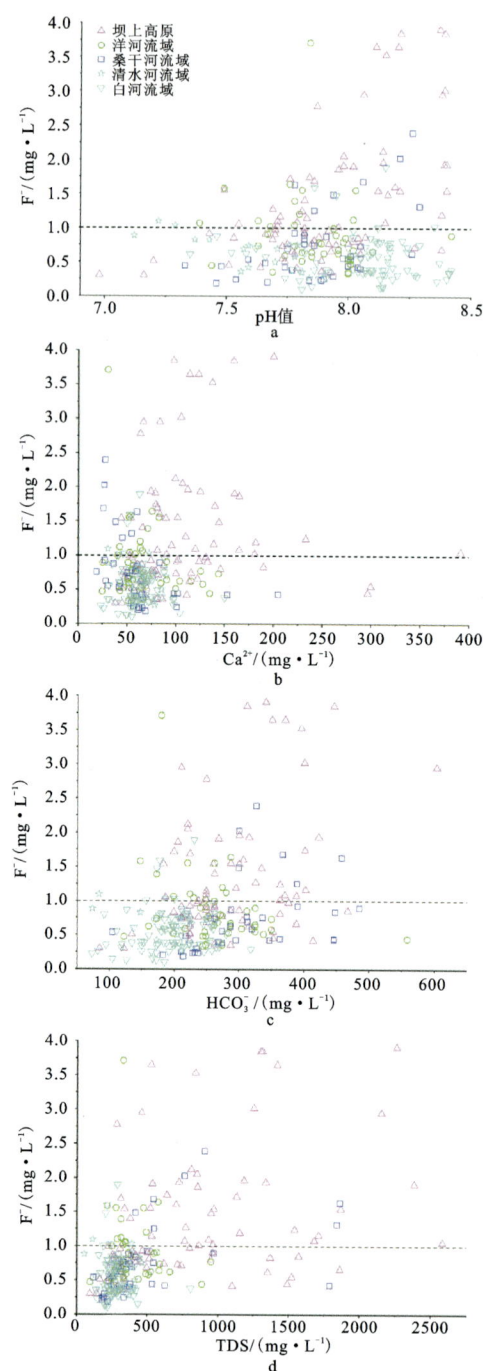

图 4-24 浅层地下水中 F⁻ 和其他离子的关系图

综上所述，研究区富氟地层和碱性地下水环境为地下水氟化物的来源和富集提供了地质背景。地形变化为氟化物的积累提供了有利的场所，构成了形成高氟化物地下水的特殊水文地球化学环境。F^-与Ca^{2+}呈负相关，F^-与pH值呈正相关，说明F^-的富集与高pH、低Ca^{2+}、高HCO_3^-浓度的水化学环境密切相关。同时，水-岩相互作用等水文地球化学过程也促使F^-在地下水中进一步富集。

第五章 典型农牧交错带区土地沙化评价

康保地区位于首都西北方向京津冀生态涵养区坝上农牧交错带,紧邻浑善达克沙地南缘,处于影响北京地区的沙尘暴传输通道,土地沙化现象较为明显。本次以康保地区为案例,分析土地沙化现状及其变化特征,基于自然因素和人类活动两个角度解析土地沙化驱动因素,评估土地沙化生态地质环境脆弱程度,提出土地沙化防治建议。

第一节 康保地区土地沙化状况

一、土地沙化状况及变化特征

本次选用 1984 年、2016 年、2021 年 4—5 月高分 1 号遥感影像数据,采用自动信息提取和人机交互解译校正相结合的方法,计算了植被盖度归一化指数(nornalized difference vegetation index,NDVI)。按照《沙化土地监测技术规程》(GB/T 24255—2009)中沙化土地分级标准,对康保地区土地沙化程度进行评价。

2021 年,康保地区约 95.4% 的土地出现不同程度沙化,极重度、重度、中度和轻度沙化面积分别为 43.11km^2、200.21km^2、1 196.70km^2 和 1 771.99km^2(表 5-1,图 5-1),其中重度和极重度沙化主要分布在康保北部、东部和西南部。较 2016 年,小英图—李家地、土城子、道尹地等区域极重度和重度沙化程度均明显减弱,极重度、重度沙化土地面积分别减少 35.79km^2 和 326.31km^2。较 1984 年,2021 年康保地区极重度和重度沙化程度得到极大改善,极重度、重度沙化土地面积分别减少 158.46km^2 和 759.61km^2。

表 5-1 康保地区土地沙化面积变化统计表

沙化等级分区	土地沙化面积/km²			变化比例 (1984—2021年)/%
	1984 年	2016 年	2021 年	
极重度	201.57	78.90	43.11	−78.61
重度	959.82	526.52	200.21	−79.14
中度	980.00	905.47	1 196.70	+22.11
轻度	1 063.18	1 701.12	1 771.99	+66.67

注:"−"为减少,"+"为增加。

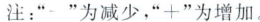

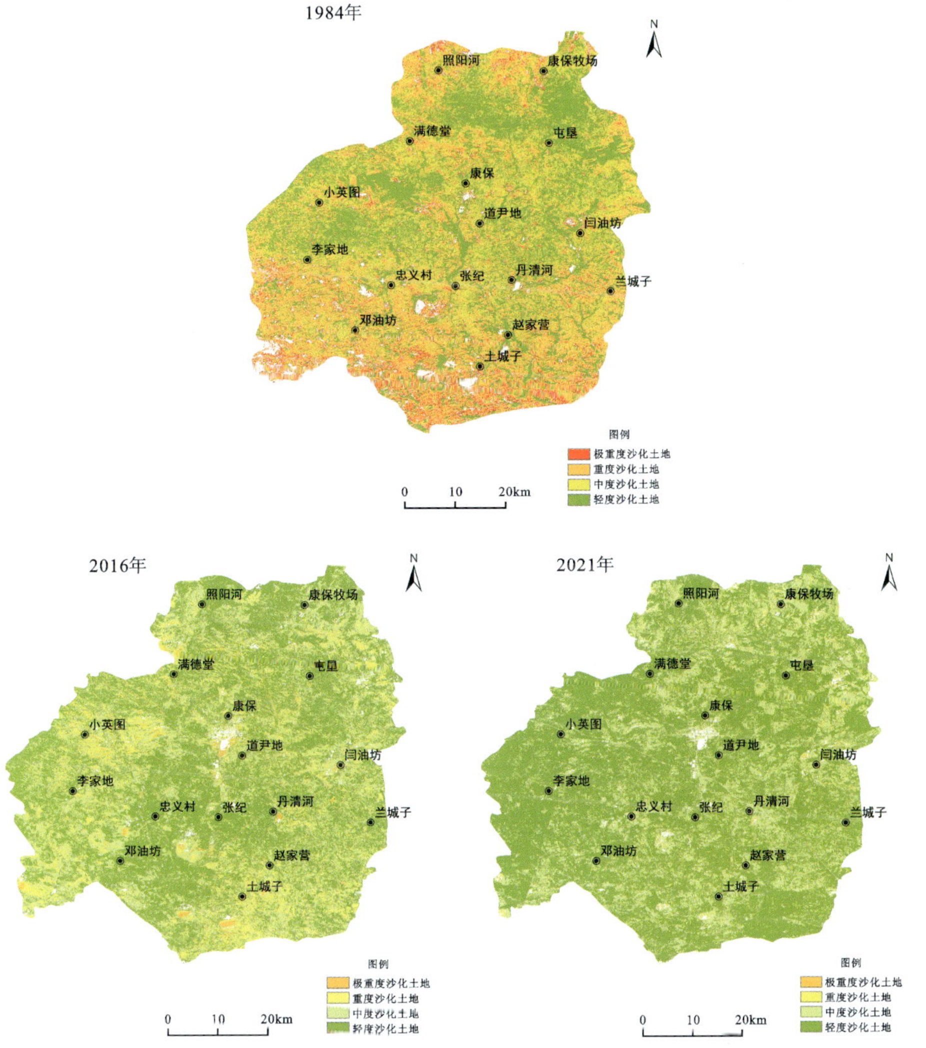

图 5-1 康保地区 1984 年、2016 年和 2021 年土地沙化程度图

二、土地利用类型变化特征

通过资料收集和遥感解译可知,近40年来,康保地区土地利用类型变化特征主要表现为(表5-2,图5-2):旱地面积呈持续减少趋势,共减少65 556 hm²,其中1993—2008年旱地面积减少65 506 hm²,2008—2021年仅减少50 hm²;水浇地面积呈先增加后减少变化,1993—2008年增加21 641 hm²,2008—2021年减少22 240 hm²,30年来减少599 hm²;建设用地面积呈持续增加趋势,1993—2021年共增加11 922 hm²;草地面积呈先减少后增加变化,1993—2008年共增加3067 hm²,而2008年以后减少了18 860 hm²,共减少15 793 hm²;水域面积呈持续减少趋势,2008—2021年共减少600 hm²;林地面积呈持续增加趋势,1993—2021年增加了44 150 hm²;未利用地面积呈持续增加趋势,1993—2021年增加了6410 hm²。由此可见,林地面积的增加与水浇地面积的减少是土地沙化逆转的原因之一。

表 5-2 1993—2021 年土地利用类型面积变化表

土地利用类型	各类土地利用面积/hm²					面积变化/hm²	
	1993 年	2001 年	2008 年	2016 年	2021 年	1993—2008 年	2008—2021 年
旱地	162 022	125 889	96 516	98 787	96 466	−65 506	−50
水浇地	11 095	24 177	32 736	17 731	10 496	21 641	−22 240
建设用地	8273	10 873	12 138	17 163	20 195	3865	8057
草地	91 433	83 348	94 500	65 352	75 640	3067	−18 860
水域	2879	3741	2432	2745	2279	−447	−153
林地	49 549	76 569	86 425	67 386	93 699	36 876	7274
未利用地	11 285	11 929	11 789	27 306	17 695	504	5906

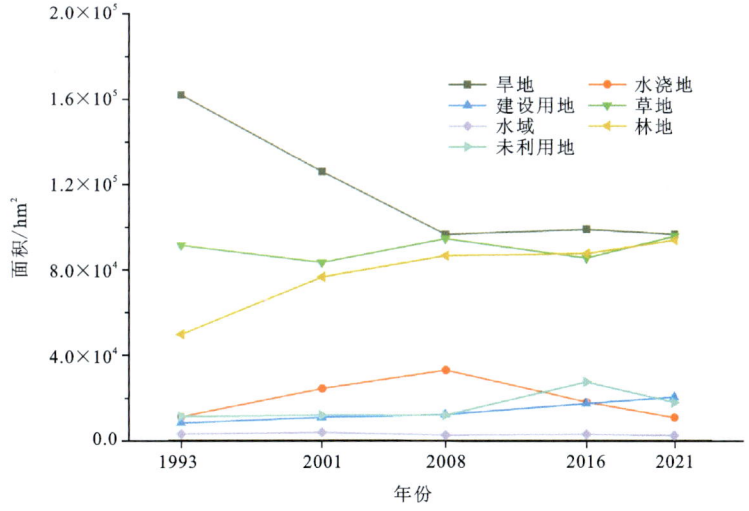

图 5-2　1993—2021 年各类土地利用类型面积变化趋势图

第二节　康保地区土地沙化驱动因素与地学机理研究

一、土地沙化驱动影响因素

从已有土地沙化研究案例来看[46-51]，土地沙化的主要影响因素包括自然地理条件和人类活动两大方面。其中，自然地理条件是土地沙化发生和发展的环境背景，人类活动是土地沙化快速改变或持续发展的重要动力驱动因素[52-56]。构造运动、地形地貌、土壤等地质环境条件与土地沙化有着密切的联系[57-59]，构造运动形成的地形地貌为土地沙化提供了基础。降水、蒸发、气温和风速等气候条件是土地沙化发生与发展的重要影响条件[60-62]。干旱、半干旱地区和部分湿润地区，受地质和气候等背景条件的影响，土地生态系统具有较高的脆弱性，一旦施加人类活动的干扰或影响，极易引起土地沙化程度的改变[63-65]。从长时间尺度来看，自然地理条件对土地沙漠化具有明显的影响。但从短时间尺度（百年尺度或者更短）来看，人类活动是造成土地沙化的主要原因[66-68]。

结合康保地区实际条件，本次从气候条件、地质环境条件和人类活动 3 个方面分析康保地区土地沙化的驱动影响因素（图 5-3）。

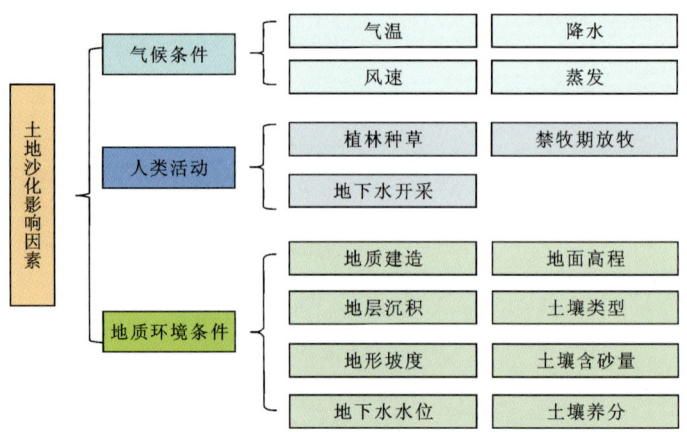

图 5-3 康保地区土地沙化驱动影响因素图

(一)气候条件

康保地区位于坝上高原,属寒冷干旱区,多年平均气温较低,四季多风。在全球气候转暖背景条件下,康保地区多年平均气温呈现波动上升趋势,而多年平均降水量基本在 350mm 上下波动,蒸发量却高于降水量的 4 倍,多年平均风速达 3.6m/s[69-70],这种干旱、全年多风的独特气候特征在较长时间尺度上为康保地区土地沙化提供了驱动力。

1960—2020 年 60 年间(图 5-4),康保地区气温整体上呈波动上升趋势,平均气温逐渐升高,2014 年平均气温最高,1969 年最低,二者相差 3.3℃。自 1984 年之后气温继续升高,气温的变化趋势和华北地区一致。从图 5-5 可以看出,1—3 月、11 月、12 月平均温度低于 0℃,说明该地区冬季寒冷漫长,属严寒地区。随着平均气温的升高,蒸发量增大,冬季漫长寒冷干燥,加快了土地沙化的发展[71]。

康保地区 60 年来平均降水量为 348mm(图 5-6),处于张家口市的降水量低值分布区,属半干旱地区。从整体上看,60 年来康保地区降水量波动较大,变化趋势不明显,其中,2012 年降水量最大,为 570mm,1965 年降水量最低,为 170mm。全年降水集中在夏季,夏季降水量占全年降水量的 64.5%;冬季降水量较少,占全年的 1.9%(图 5-7)。康保地区多年平均降水量较少(图 5-8),且冬季降雨稀少,寒冷干燥,促进了土地沙化的发展。

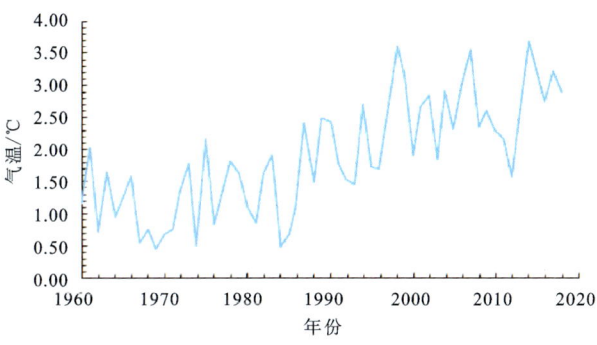

图 5-4　1960—2020 年康保地区年均气温变化图

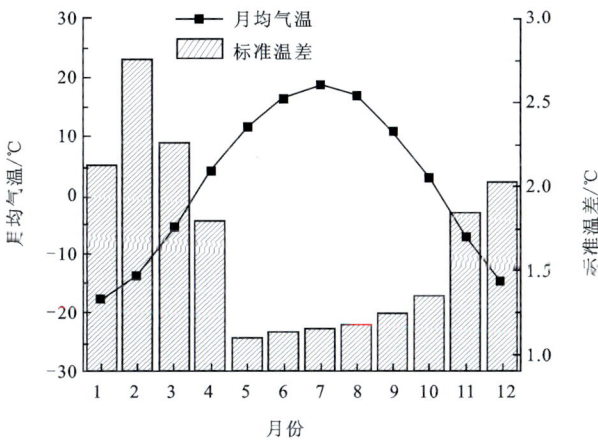

图 5-5　1960—2020 年康保地区月均气温变化图

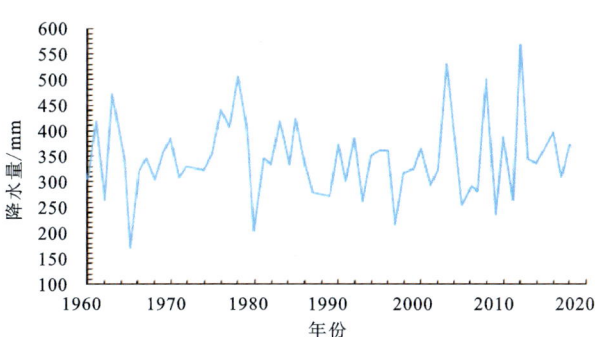

图 5-6　1960—2020 年康保地区年均降水量变化图

55

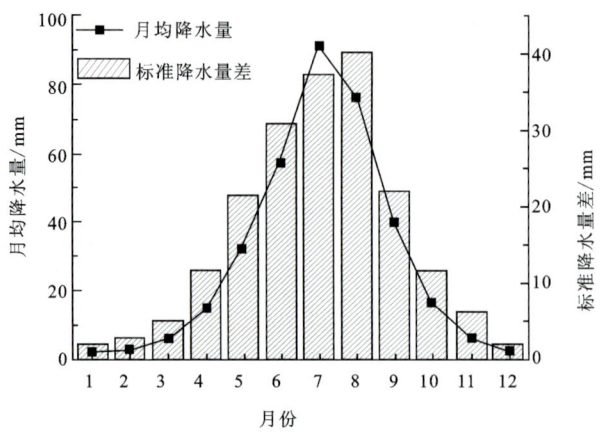

图 5-7 1960—2020 年康保地区月均降水量变化图

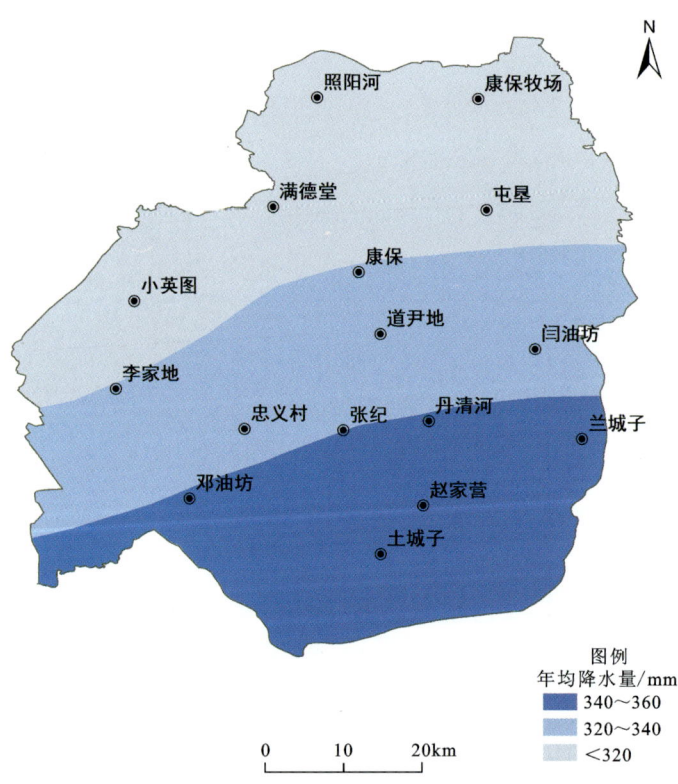

图 5-8 1960—2020 年康保地区年均降水量分布图

60年间康保地区风速呈持续降低的特点(图5-9),但全区处于张家口市的风速高值分布区,多年平均风速达3.6m/s,其中,3—5月平均风速最大,7—8月平均风速最小。大风天气主要集中在11月到次年5月(图5-10),而这段时间正是气温相对较低、降水稀少的时段,大风天气加快了土地沙化的发展。

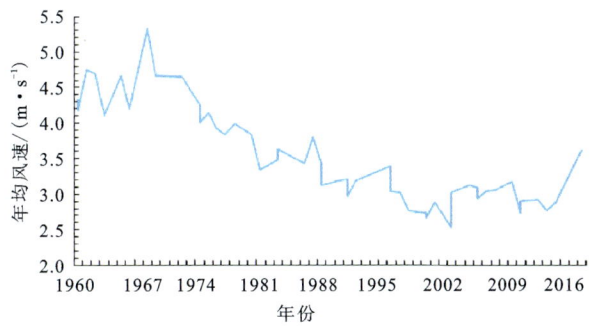

图5-9 1960—2020年年均风速变化图

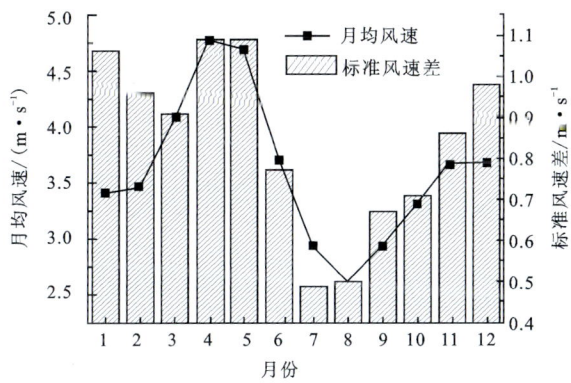

图5-10 1960—2020年月均风速变化图

综上所述,气候因素是影响康保地区土地沙化的重要自然因素之一,随着气温升高,蒸发度加强,在降水量少、风速较大的情况下,干旱程度加剧,土壤水分减少,使土壤抗风蚀能力减弱,从而引起沙化的正向发展。

(二)地质环境条件

1. 地质建造

不同时期地层中的砂质结构是土地沙化的地质基础。康保地区丘陵地带二叠纪普遍发育火山碎屑岩、长石石英砂岩等沉积建造和花岗岩侵入体。沉积建造含较多的长石石英砂岩，特别是区内大面积分布的花岗岩体，高 SiO_2、Al_2O_3，低 MgO、FeO，相应的矿物组合以石英、酸性斜长石、钾长石和黑云母为主，在寒冷干旱区易风化形成大量砂粒，带来了较多的砂质成分来源，为土地沙化提供了物质基础。通过沙化现状的对比（图 5-11）可以看出，沙化多集中于长石石英砂岩沉积建造、花岗岩及水系中下游周边。

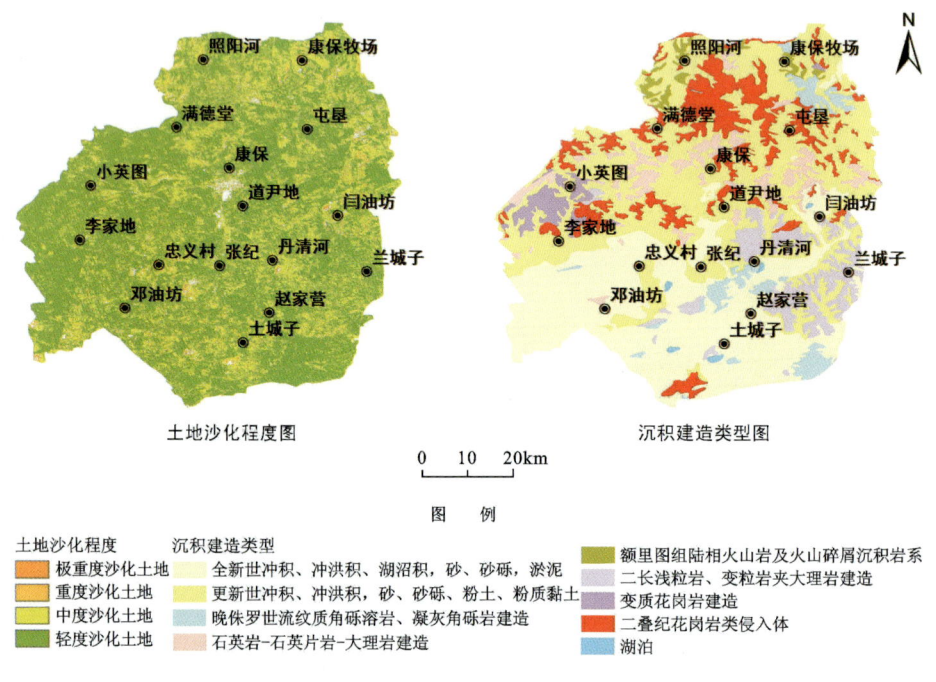

图 5-11 康保地区沙化现状与不同沉积建造对比图

2. 地面高程与地形坡度

康保地区大部分区域地面高程在 1333～1675m 之间（图 5-12），地面高程一定程度上制约了土地沙化的分布和演化。北部高海拔区域气温偏低，是全县降水量最少的区，中度—极重度沙化分布面积较大；东部较高海拔区是全县降水量相对较多的一个区，有轻度—中度沙化分布，面积较小；中南部低海拔区，地貌为典型波状平原，有轻度土地沙化或无土地沙化（表 5-3）。

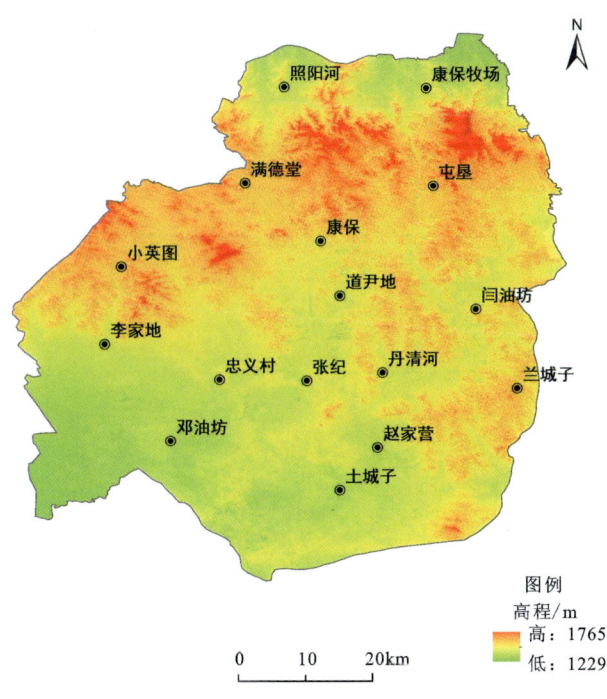

图 5-12 康保地区地面高程图

表 5-3 康保地区不同地形坡度区域土地沙化特征统计表

地貌分区	地貌类型	土地沙化特征
北部低山丘陵区	河沟两岸平地	土壤风蚀严重，土地沙化面积比例大，水土流失严重，有中度～极重度土地沙化
	平坦部位	
	平坦部位，海拔略高	
	缓隆起地段，坡度在9.4°～15.8°之间	
	坡度大于15.8°的丘陵	
	海拔较高，坡陡	
东部缓坡丘陵区	河沟两岸平地	丘陵和丘间狭长洼地风水两相侵蚀普遍，有轻度或中度土地沙化
	缓隆起地段，坡度在5°～9.4°之间	
	平坦部位，坡度小于5.01°	
	缓隆起地段，坡度在5°～9.4°之间	
	坡度大于9.4°的丘陵	

续表 5-3

地貌分区	地貌类型	土地沙化特征
中南部波状平原区	河沟两岸平地	典型波状高原,小水淖分布,有轻度土地沙化或无土地沙化
	湖滩地(平地)、地平地、洼地	
	平坦部位,海拔略低	
	平坦部位	
	平坦部位,海拔略高	
	波状高原缓隆起地段,坡度在5°～9.4°之间	

康保地区大部分区域地形坡度小于 15.8°(图 5-13)。对比 2021 年土地沙化现状图(图 5-1),坡度大于 9.4°的区域土壤风蚀严重,土地沙化面积比例大,

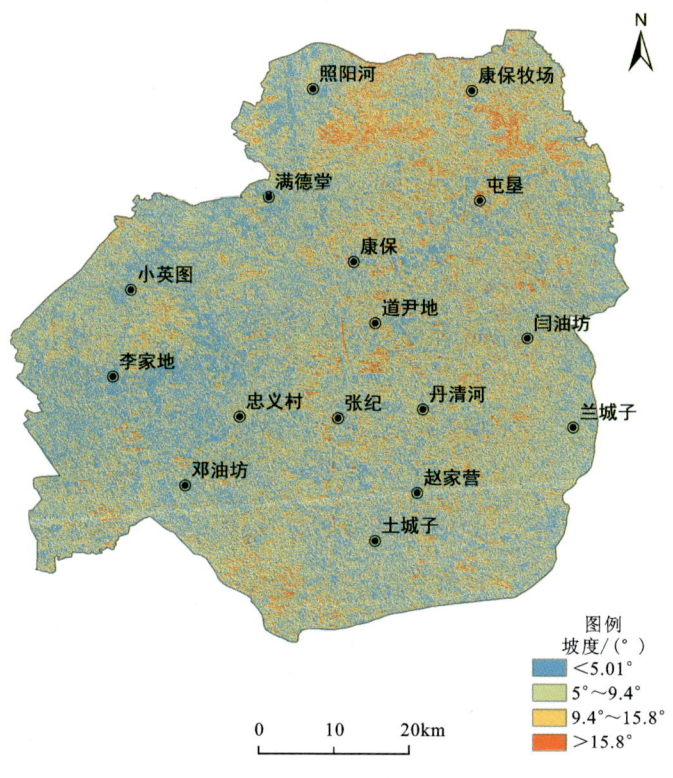

图 5-13 康保地区地面坡度图

中度—极重度土地沙化广泛分布;坡度在5°~9.4°之间的区域丘陵和洼地受风蚀、水蚀影响较为普遍,发育轻度或中度土地沙化;坡度小于5°的区域属典型波状高原地貌,湖淖分布较多,有轻度土地沙化或无土地沙化。

3. 浅部地层结构

对比康保地区浅部地层沉积图与土地沙化现状图(图5-11、图5-14),浅部地层沉积与土地沙化程度具有良好的对应关系。表层土(Qh^{fl+apl})、粉土或含粉质黏土细砂层(Qp_3m)和细砂、中粗砂层(Qp_3q)在空间上的分布特征是土地沙化的直接影响因素。浅部地层中的表层土、粉土或含粉质黏土细砂层对沙化或植物生长与分布影响最大,区域上该地层较薄或缺失的地方植物生长较差或

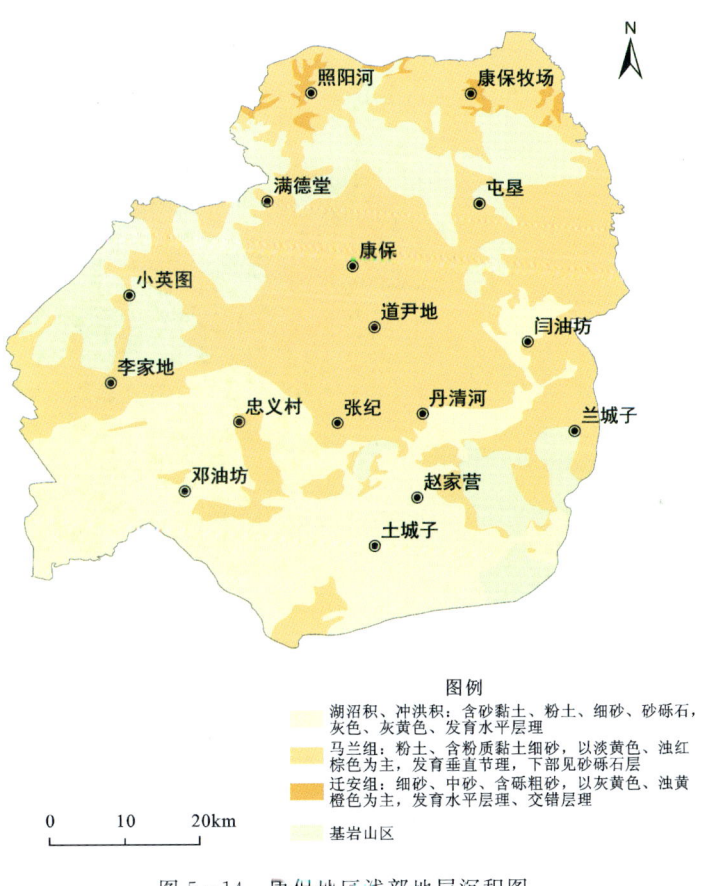

图5-14 康保地区浅部地层沉积图

直接风蚀沙化,下伏地层又多见中粗砂层,沙化体现得更为直接。细砂、中粗砂层基本层序显示自上而下由细变粗的特征,属河流沉积,出露地表的细砂、中粗砂层在区内土地沙化体现得最为明显。通过浅部地层结构空间分布特征与土地沙化现状对比分析,粉土或含粉质黏土细砂层厚度较小的地区一般为轻度土地沙化区;多数细砂、中粗砂层裸露区是土地中度和重度沙化区,而且能够就地形成小面积的流动沙丘。

4. 表层土壤岩性、含砂量

表层土壤岩性与土地沙化关系密切,对比土地沙化现状图(图 5-11),细砂主要分布在康保县北部的照阳河、康保牧场西部以及康保县城西部;粉砂主要分布在康保县中东部地区以及西部的芦家营与邓油坊乡西南部;其他地区主要分布粉土(图 5-15)。根据表层土粒度分析结果,表层土壤含砂量大于 60% 的地区主要分布在康保县北部、芦家营北部以及哈咇嘎东部地区(图 5-16),对比

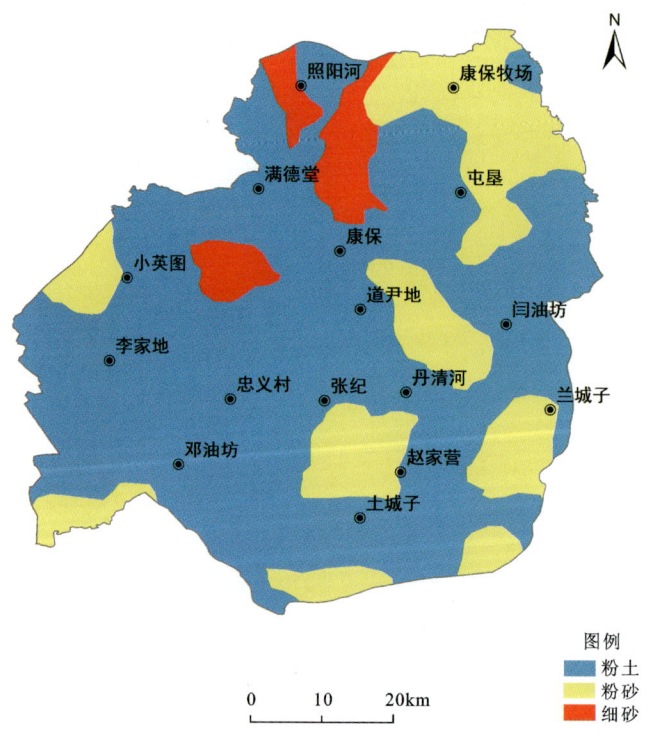

图 5-15　康保地区表层土壤岩性分布图

2021年土地沙化现状图(图5-11),该区重度和极重度土地沙化广泛分布。表层土壤含砂量的大小在一定程度上决定了土地沙化的严重程度,含砂量大于70%的地区分布在照阳河镇西北部、康保牧场南部、芦家营乡北部以及康保县城周边等地,土地沙化程度以中度—重度—极重度为主。

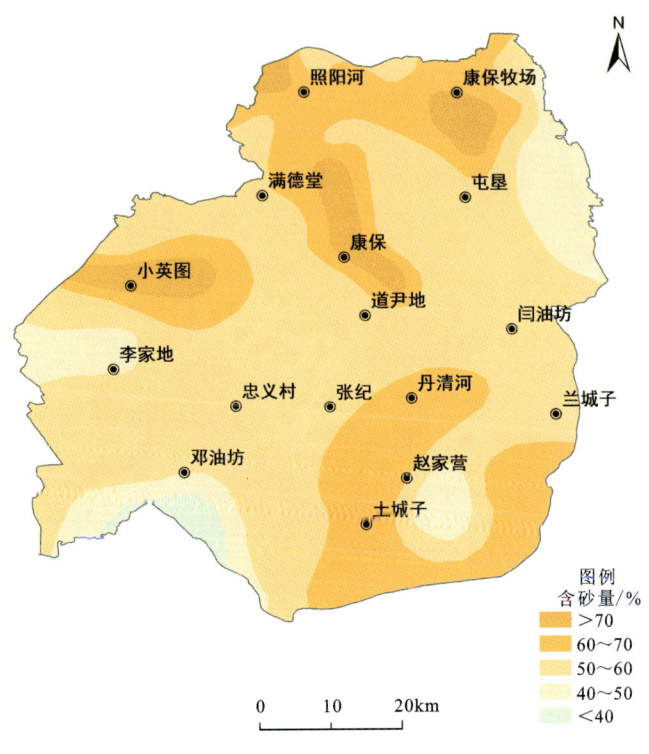

图5-16 康保地区表层土含砂量图

5. 地下水水位与埋深

据2020年统测数据,浅层地下水水位埋深总体在1.75~8.36m之间(图5-17),其中,照阳河镇西北部与忠义乡西北部受地下水开采的影响,水位埋深较大,普遍超过7m,土地利用类型以旱地和草地为主,对比土地沙化现状图,该区土地沙化程度相对较严重且分布面积广泛。浅层地下水水位埋深小于4m的地区主要分布在康保县中部,土地沙化程度相对较轻,该区以轻度—中度沙化为主。由上述可知,浅层地下水水位埋深与土地沙化程度呈正相关。

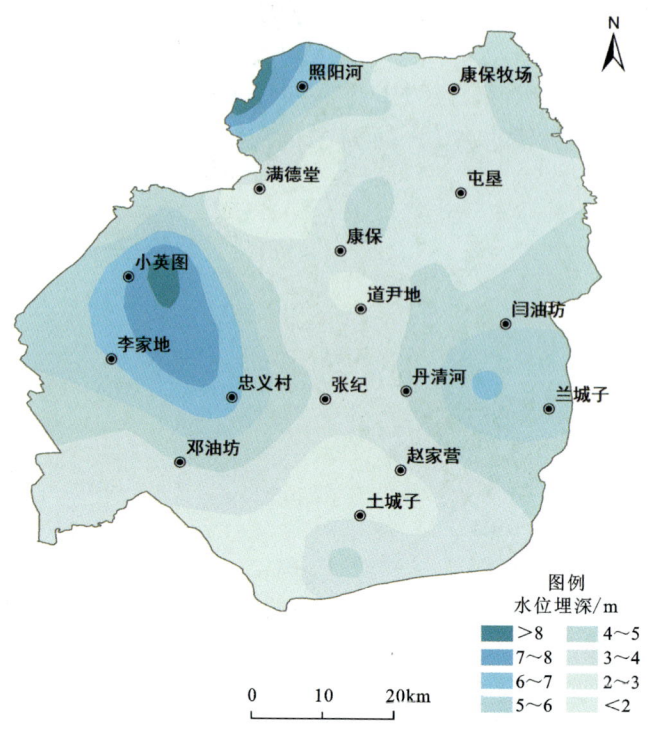

图 5-17 康保地区 2020 年 11 月浅层地下水水位埋深图

(三)人类活动

康保地区土地沙化的人类活动影响因素主要包括垦牧、地下水开采和植树造林等。

区内 85% 的耕地系由波状砂质草原及固定沙丘(沙地)开垦得来,这些地区地广人稀,总体采用较粗放的广种薄收方式,因此一般经过数年,开垦地就因沙害或天然肥力衰退而被迫弃耕。撂荒地无植被保护,在风蚀作用下"暗沙"很快翻为"卧沙",导致流沙蔓延,土地沙漠化进程加快。过度放牧方面,在牲畜数量远远超过草地载畜能力的情况下,牲畜毁灭性的啃食和践踏造成草地退化、植物种群递减,在风蚀作用下,草地沙漠化。过度放牧引起的沙漠化往往以畜群点为中心,呈环状向外扩散。前几十年,坝上地区的牲畜数量远远超过草地载畜能力,引起草地的退化,近年来已经不断改善。

区内部分地区因农灌等抽采地下水,引起地下水水位持续下降,虽然农田得到了灌溉,土地沙化程度减弱,但农田周边的大面积天然林、草原植被因地下水水位下降出现明显的干枯,防风固沙能力减弱(图5-18)。

图5-18 康保北部部分地区地下水水位下降造成树木干枯

近年来,区内植被覆盖度整体呈上升趋势,大部分地区土地沙化程度有所减轻,这是三北防护林建设的重要成效。人工造林是防止土地沙化、扩大和促使生态环境恢复的有效措施,建设布局合理的防护体系能够有效固定水土,降低风速,阻挡风沙,减少扬沙量,构成绿色防沙屏障的主体(图5-19)。

图5-19 禁牧退耕还林与风蚀沙地治理工程

（四）不同地貌单元分区土地沙化地质主控因素识别

地貌在一定程度上制约了土地沙化的分布和演化的地理格局,康保县总体可划分为低山丘陵、缓坡丘陵、侵蚀平原、沟谷洼地及洪风积平原5类地貌单元。

不同地貌单元土地沙化的影响因素不同(图5-20)。

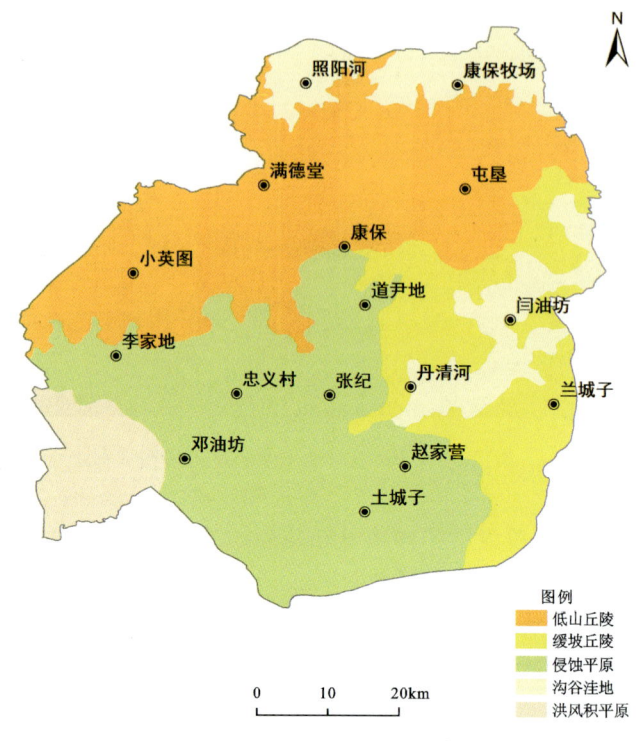

图 5-20　康保地区地貌分区图

(1)低山丘陵地貌单元。地质建造、浅层地下水、表层土壤含砂量是低山丘陵区土地沙化的主要影响因素。照阳河镇南部、康保牧场南部、满德堂乡北部、康保县城北部及芦家营乡周边地区广泛分布的石英砂岩、花岗岩等地质建造对重度和极重度土地沙化具有较明显的控制作用,矿物组合以石英、长石为主,SiO_2、Al_2O_3含量高,易风化为土地沙化的砂质物源,形成的土壤类型主要为栗钙土,养分含量低,砂粒含量多。康保牧场南部、满德堂乡—康保县城周边、芦家营乡北部,土壤含砂量大于60%;李家地乡—芦家营乡北部浅层地下水水位埋深普遍大于6m。这些地区中度—极重度沙化土地分布较多。

(2)缓坡丘陵地貌单元。花岗岩、石英岩-石英片岩—大理岩建造与二长浅粒岩、变粒岩夹大理岩建造是缓坡丘陵区土地沙化的主要影响因素。屯垦镇南部主要发育花岗岩、石英岩-石英片岩-大理岩建造,其矿物成分主要为石英、长石,SiO_2、Al_2O_3含量高,易风化;闫油坊乡、万隆店乡、哈必嘎北部分布二长浅粒岩、变粒岩夹大理岩建造，其矿物成分主要为石英、长石，是土地沙化的物源，含砂量较高，大部分地区土地沙化是由基岩中的砂质物质在地表植被被破坏后，由风蚀作用形成。

(3) 沟谷洼地地貌单元。①浅部地层沉积结构、表层土壤含砂量、浅层地下水是北部沟谷洼地区土地沙化的主要影响因素。表层土（Qh^{fl+apl}）与含粉质黏土细砂层（Qp_3m）厚度及中粗砂层（Qp_3q）在空间上的分布特征是土地沙化的直接影响因素，满德堂乡北部、照阳河镇以及康保牧场周边地区中粗砂层分布广泛，多数裸露区为中度和重度沙化区，局部就地形成小面积的沙丘。满德堂乡北部、照阳河镇—康保牧场周边地区表层土壤含砂量大于60%；照阳河镇周边浅层地下水水位埋深普遍大于6m。这些地区中度—极重度土地沙化分布广泛。②浅部地层沉积结构是东部沟谷洼地区土地沙化的主要影响因素。闫油坊乡—丹青河乡一线表层土普遍发育冲洪积层（Qh^{apl}），岩性以粉土、粉砂为主，下部地层为粉土、含粉质黏土细砂层（Qp_3m），这两套地层是对沙化或植物生长与分布影响最大的地层，粉土厚度较薄或缺失的地区植物生长较差或直接风蚀沙化。

(4) 侵蚀平原地貌单元。表层土壤含砂量是侵蚀平原区土地沙化的主要影响因素。含砂量大于60%的地区主要分布在土城子镇周边及兰城子镇南部，地表岩性以粉砂为主，中度—重度土地沙化分布较为广泛。

(5) 洪风积平原地貌单元。浅部地层沉积结构是洪风积平原区土地沙化的主要影响因素。李家地镇—二号卜乡周边地区浅部地层沉积结构为洪积与风积地层（Qh^{pl+el}），岩性以粉土、粉砂为主，粉土层较薄或缺失的地区植物生长较差，直接风蚀沙化，中度—重度土地沙化分布广泛。

二、植被生长影响因素

根据康保地区土地沙化发育情况，在地下水补给区、径流区和汇水区分别选择4个典型剖面，采集土壤、植被水同位素和养分样品。通过分析不同层位的植被-土壤氢氧同位素特征，运用混合模型确定不同植被的吸水层位，厘定不同立地条件下植被的用水水源，并结合土壤-植被的养分特征，分析影响植被生长的驱动因素。

(一) 剖面土壤水同位素特征

剖面1位于缓坡丘陵-河间洼地-河道-缓坡丘陵地貌区，浅部2m内地层岩性主要为粉土、细砂，地表植被类型以柠条、油菜花、苜蓿、牛筋草、稷为主。该剖面土壤平均含水率最大值为4.82%，最小值为1.68%。随着深度的增加，土壤平均含水率呈现递减的趋势(图 5-21)。土壤水 δD 值介于 －66.51‰～－62.57‰(图 5-22),较接近当地大气降水 δD 值,且变化幅度较小,主要受 8 月 8 日、9 日连续降雨的影响,降雨入渗到 100cm 深度。

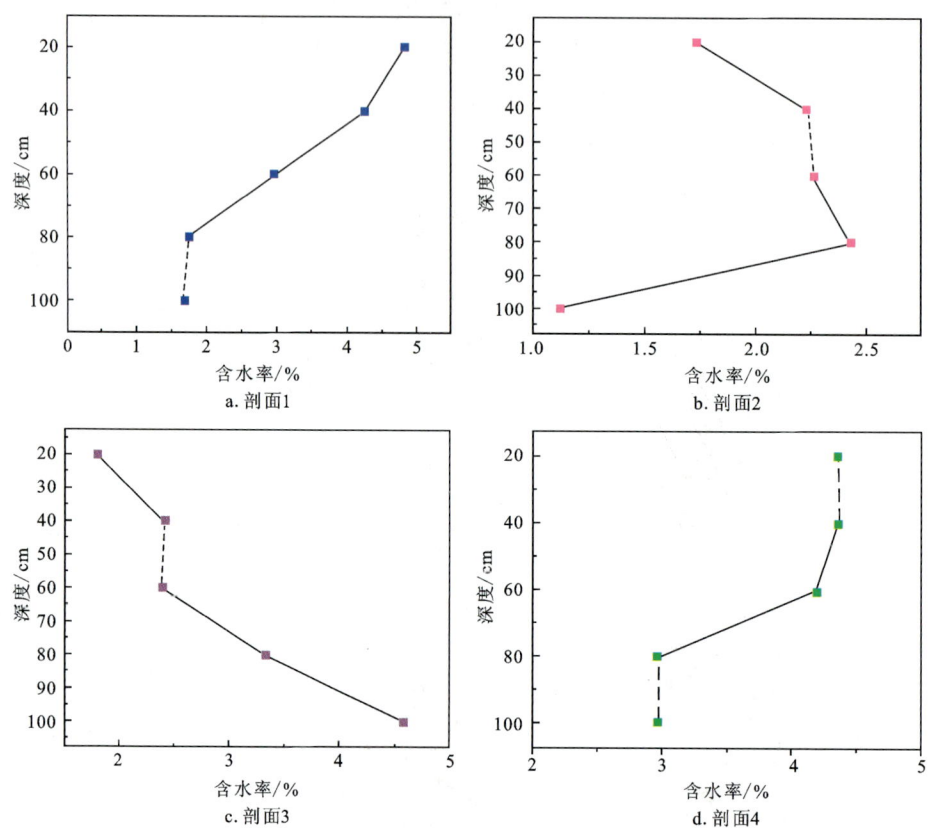

图 5-21　康保地区各剖面土壤平均含水率变化曲线图

剖面 2 位于缓坡丘陵-河道-缓坡丘陵地貌区,浅部 2m 地层岩性主要为细砂、中粗砂,地表植被类型以柠条、油菜花、桔草、狼针、稷为主。该剖面平均含水率最大值为 2.43%,最小值为 1.12%(图 5-21)。平均含水率的变化可分为两个部分:0～80cm 深度平均含水率随深度增加而增加;80cm 以下深度平均含水率随深度增加而减少。在 80cm 深度,平均含水率的变化出现峰值,其形成与降水事件有关。土壤水 δD 值介于 －71.32‰～－56‰(图 5-22),土壤水的 δD 值逐渐向降水靠拢,在 100cm 深度时基本与降水量重合,由于原先的土壤水与新近入渗大气降水发生混合作用,原先的土壤水受蒸发作用的影响,D 发生富集,因此与大气降水混合时导致 δD 值出现增加的趋势,在 60cm 处出现峰值,60cm 以下深度受蒸发影响较小,所以在受到降雨入渗补给后 δD 值逐渐向降雨靠拢。

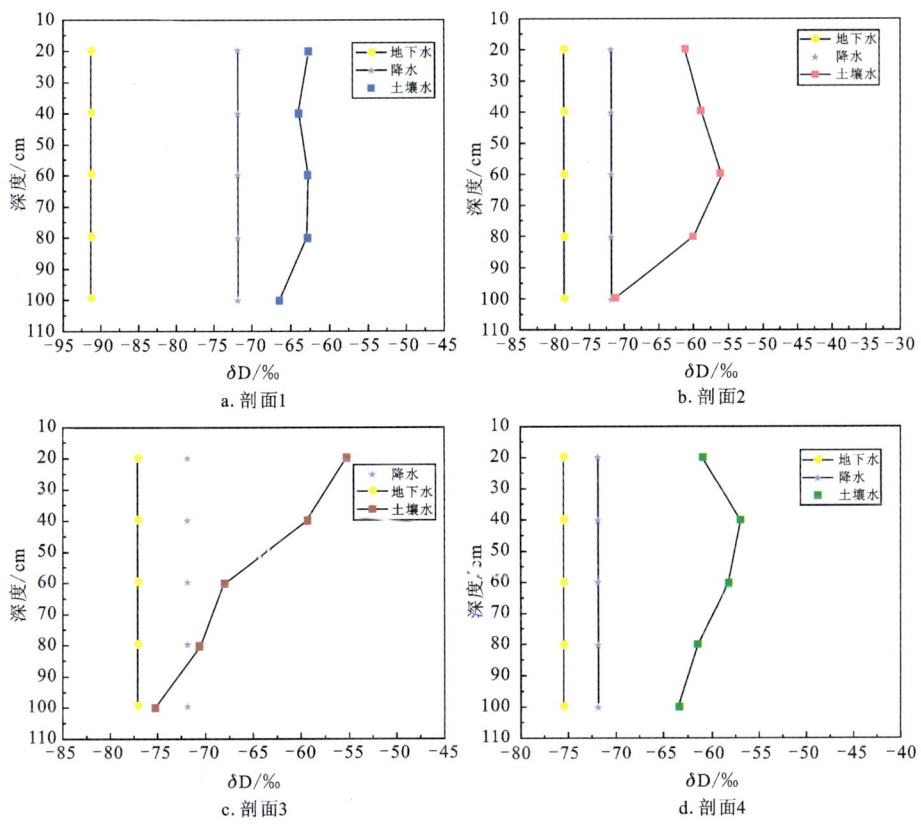

图 5-22 康保地区典型剖面土壤水 δD 随深度变化图

剖面 3 位于低山缓坡-河间洼地-丘陵地貌区,浅部 2m 地层岩性为细砂、中粗砂,地表植被主要为柠条、狼针、荞麦、稷、油菜花、牛筋草、芨芨草、榆树等。该剖面土壤平均含水率最大值为 4.59%,最小值为 1.8%。平均含水率随深度的增加逐渐减少,由于降雨入渗补给到土壤深部,导致深部土壤平均含水率较大,表层由于植被覆盖度较低,土壤水蒸发强度较大,故表层土壤平均含水率较低。土壤水 δD 值介于 −75.24‰ ~ −55.25‰(图 5-22),在表层到 80cm 深度,土壤水 δD 值与当地降水 δD 值较为接近,表层受蒸发作用的影响,导致 D 发生富集,因此表层土壤水 δD 值较大;在 80cm 深度以下,土壤水 δD 值逐渐接近于当地地下水,说明在 80cm 深度以下,土壤水主要由地下水补给。

剖面4位于缓坡丘陵-洼地-缓坡丘陵区,浅部2m地层岩性为细砂、中粗砂,地表植被主要为柠条、狼针、牛筋草、狗娃花等。该剖面土壤平均含水率最大值为4.36%,最小值为2.96%。表层到80cm深度土壤受当地灌溉和降雨的影响,平均含水率较大,又因为入渗强度较低,表层的水分未能及时入渗到深层,导致深层土壤水分较低。土壤水δD值介于−63.31‰~−56.95‰(图5-22),该剖面地下水埋深较大,土壤水主要受大气降水的补给,但由于蒸发作用和混合作用的影响,导致在40cm深度,土壤水的δD值出现峰值。

(二)植被吸水层位

根据土壤剖面土壤水δD、$δ^{18}O$的分布特征,选取区内典型植被柠条、狼针、茇茇草及其各层土壤水的δD、$δ^{18}O$进行水分来源判断,运用多元混合模型计算不同深度土壤水对植物用水来源的潜在贡献比例。如果某一深度范围内土壤水对植物水的贡献比例高,则推断植物主要是吸收该深度范围内的土壤水。

1. 柠条

季节性河流冲积地貌区中的0~20cm、20~40cm、40~60cm、60~80cm深度范围内的土壤水对柠条的δD贡献率可行性解的频数低,80~100cm深度范围内的土壤水贡献率可行性解频数高,将所有的线性解取均值可得80~100cm深度范围内的土壤水对柠条δD的贡献率为37.6%(图5-23a),表明位于季节性河流冲积地貌的柠条主要吸收80~100cm范围内的土壤水。

丘陵坡面地貌区中的土壤水对柠条的δD贡献比较为接近,最大可能贡献比出现在0~20cm的浅部土壤水中,为83.0%。最小可能贡献比出现在80~100cm的土壤水中,为17%。但是80~100cm深度范围内的土壤水贡献率可行性解频数高,说明80~100cm深度范围内的土壤水对生长在坡面上的柠条的贡献率可能性大,达17%~51%。将所有的线性解取均值可得0~20cm、80~100cm深度范围内的土壤水的贡献率分别为19.9%、33.3%,表明该地貌部位的柠条主要吸收0~20cm、80~100cm深度范围内的土壤水(图5-23b)。

低山坡面地貌区中80~100cm深度范围内的土壤水贡献率可行性解频数高,说明80~100cm深度范围内的土壤水对生长在低山坡面的柠条贡献率可能性大,达63.0%~96.0%。将所有的线性解取均值可得80~100cm深度范围内的土壤水贡献率为83.1%(图5-23c),表明该地貌部位的柠条主要吸收80~100cm深度范围内的土壤水。

洼地地貌区中20~40cm深度范围内的土壤水贡献率可行性解的频数高,

说明柠条主要吸收此层位水分的可能性最大,达 78.0%~100.0%。其他层位的土壤水贡献率可行性解的频数低。将所有的线性解取均值可得,20~40cm 深度范围内的土壤水贡献率为 91.5%(图 5-23d),表明位于洼地地貌中的柠条主要吸收 20~40cm 深度范围内的土壤水。

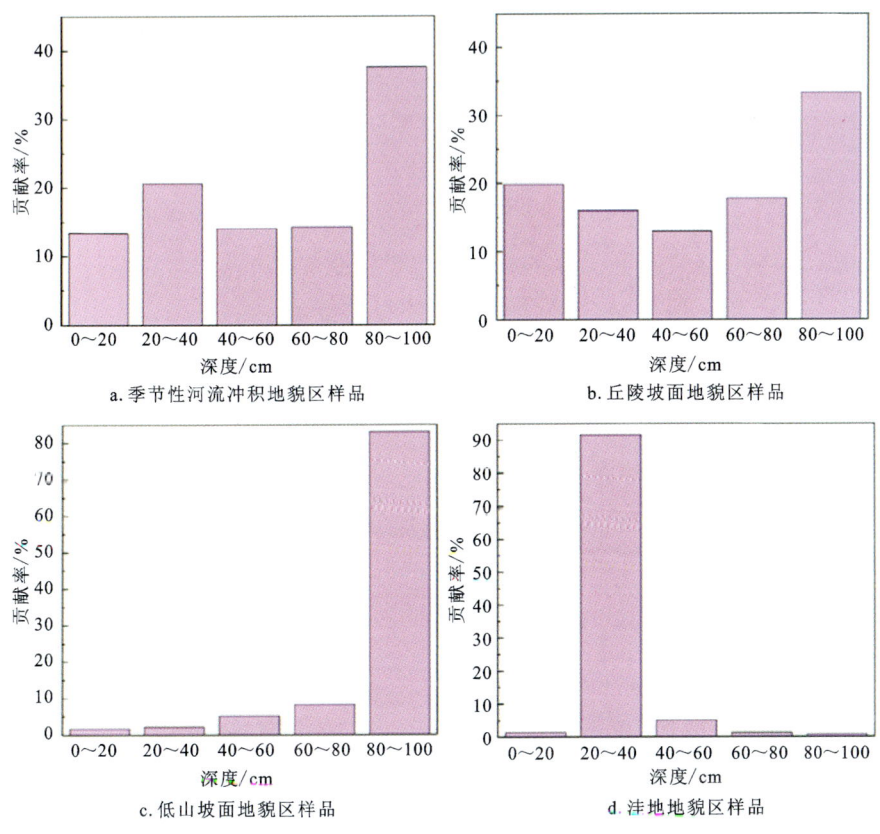

图 5-23 康保地区不同深度土壤水对柠条水分来源的贡献率图

2. 狼针

丘陵坡面地貌区中各层的土壤水对于狼针的 δD 贡献较为接近。各层土壤水贡献率可行性解的个数差别不大,频数接近。各层土壤水的贡献率很难界定,只有通过线性解的均值才能确定。将所有的线性解取均值可得 0~20cm、40~60cm、60~80cm 深度范围内的土壤水的贡献率分别为 22.6%、21.9%、20.9%(图 5-24a),表明位于丘陵坡面部位的狼针主要吸收 0~20cm、40~80cm 深度范围内的土壤水。

洼地地貌区中各层土壤水对狼针的 δD 最大可能贡献比深度范围为 $40\sim 60cm$，贡献比为 100%。$20\sim 40cm$ 深度范围内的土壤水贡献率可行性解的频数高。将所有的线性解取均值可得 $20\sim 40cm$、$40\sim 60cm$ 深度范围内的土壤水的贡献率分别为 43.4%、28.5%（图 5-24b），表明位于洼地地貌中的狼针主要吸收 $20\sim 60cm$ 深度范围内的土壤水。

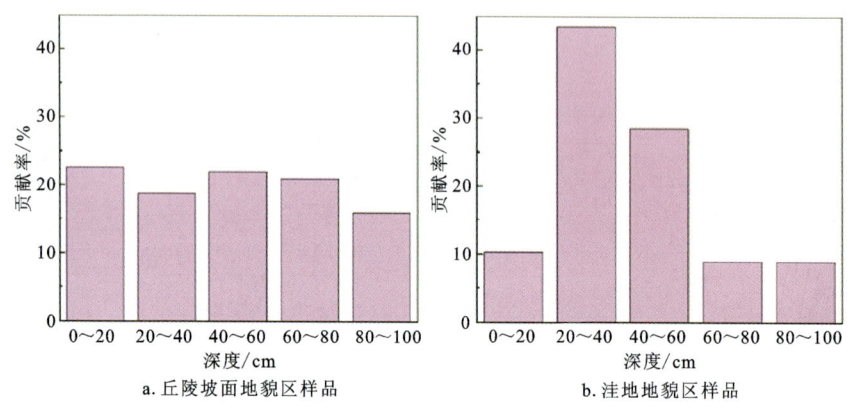

图 5-24 康保地区不同深度土壤水对狼针水分来源的贡献率

3. 芨芨草

位于河流冲积地貌区中的芨芨草吸收 $0\sim 20cm$、$20\sim 40cm$ 深度范围内的土壤水可能性最大，该深度范围内的土壤水对芨芨草的贡献率可行性解的频数高，分别达 $0\sim 63.0\%$、$0\sim 73.0\%$。其他层位的土壤水对芨芨草贡献率可行性解的频数低。将所有的线性解取均值可得 $0\sim 20cm$、$20\sim 40cm$ 深度范围内的土壤水贡献率分别为 27.8%、28.7%（图 5-25），表明位于河流冲积地貌中的芨芨草主要吸收 $0\sim 40cm$ 深度范围内的土壤水。

丘陵坡面地貌区中各层的土壤水对于芨芨草的 δD 贡献有较大的差别，最大可能贡献比出现在 $60\sim 80cm$ 的土壤水中，为 95.0%。最小可能贡献比出现在 $80\sim 100cm$ 的土壤水中，为 31.0%。但是 $80\sim 100cm$ 深度范围内的土壤水贡献率可行性解的频数高，说明 $80\sim 100cm$ 深度范围内的土壤水对芨芨草的贡献率可能性大，达 73.0%。将所有的线性解取均值可得 $60\sim 80cm$、$80\sim 100cm$ 深度范围内的土壤水的贡献率分别为 28.8%、33.6%（图 5-25），表明位于丘陵坡面的芨芨草主要吸收 $60\sim 100cm$ 深度范围内的土壤水。

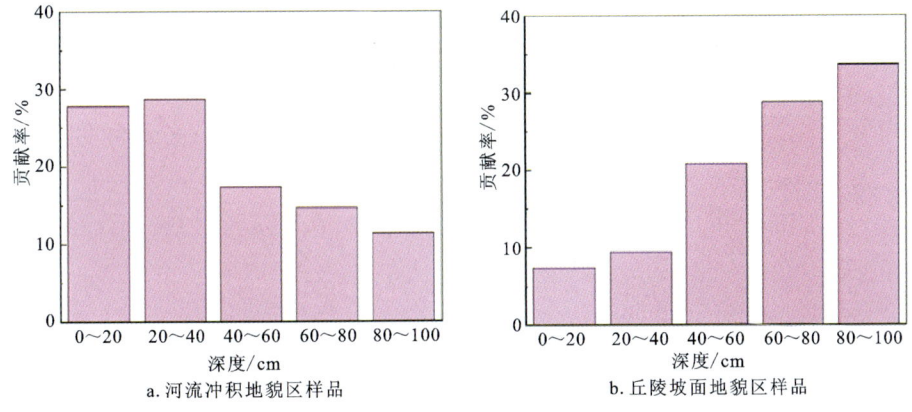

图 5-25　不同深度土壤水对芨芨草水分来源的贡献率

综上所述,不同地貌部位的柠条吸收土壤水的位置不同,位于坡面的柠条主要吸收 0~20cm、80~100cm 范围内的土壤水;位于河流冲积地貌区的柠条主要吸收 80~100cm 范围内的土壤水,位于洼地的柠条主要吸收 20~40cm 范围内的土壤水。位于坡面的狼针主要吸收 0~20cm、40~80cm 范围内的土壤水;位于洼地地貌中的狼针主要吸收 20~60cm 范围内的土壤水。位于河流冲积地貌中的芨芨草主要吸收 0~40cm 范围内的土壤水;位于丘陵坡面的芨芨草主要吸收 60~100cm 范围内的土壤水。

(三)植物对不同水源的依赖性

区内地区大气降水线(LMWL)表达式为 $\delta D=6.85\delta^{18}O+2.91$,土壤水样品均落在全球大气降水线(GMWL)和 LMWL 下方,δD-$\delta^{18}O$ 关系拟合线 $\delta D=3.35\delta^{18}O-44.72$ 与 GWML 和 LMWL 相比,斜率、截距均小于降水线(图 5-26),说明区内土壤水在强蒸发过程中发生了动力分馏。

从植物茎干水的 δD、$\delta^{18}O$ 值与各水源的 δD、$\delta^{18}O$ 值对比可以看出(图 5-27),区内的优势物种柠条、狼针茎干水的 δD、$\delta^{18}O$ 值与大气降水和地下水的 δD、$\delta^{18}O$ 值总体来说相差较远,表明上述植物并不能直接利用降水和地下水,而是吸收某个深度范围内的土壤水,这部分土壤水主要由降水入渗补给;芨芨草的 δD、$\delta^{18}O$ 值与降雨的 δD、$\delta^{18}O$ 值较为接近,表明芨芨草直接利用部分降水。而区内地下水埋深较大,土壤水的主要补给源是大气降水,因此,优势物种对降水的依赖性较强。

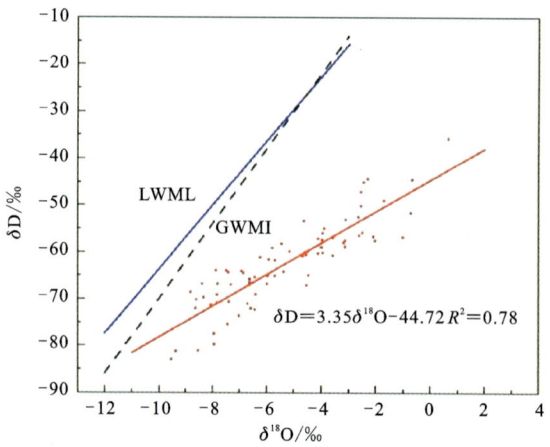

图 5-26 土壤水、大气降水 δD-δ¹⁸O 关系图

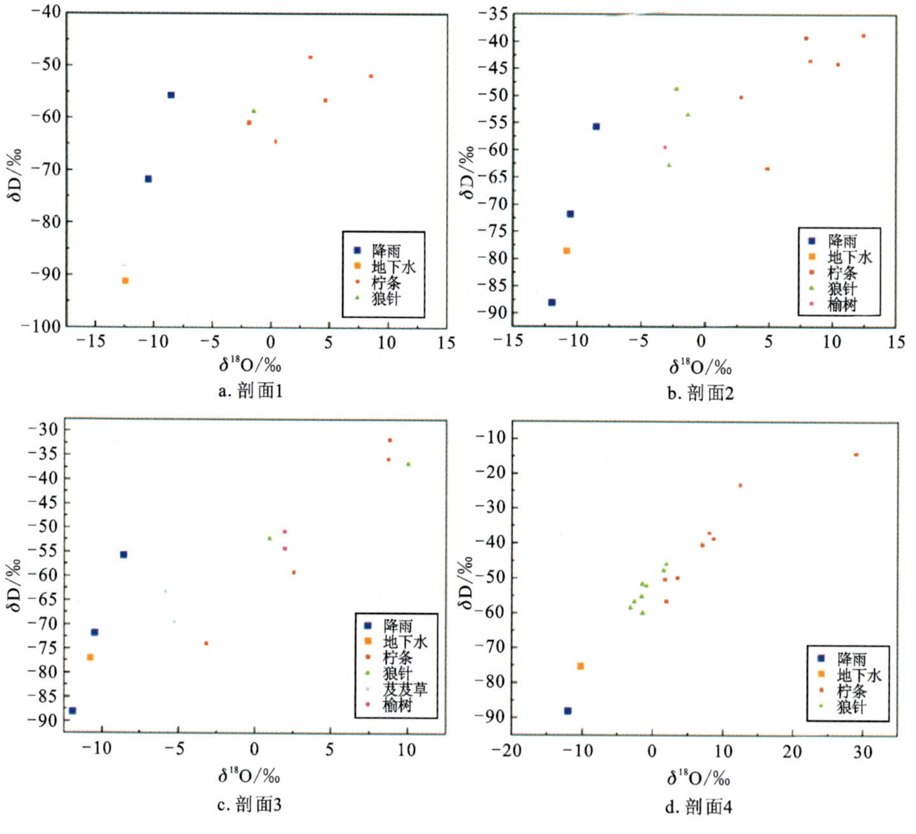

图 5-27 植物茎干水的 δD-δ¹⁸O 关系图

(四)优势草本植被与土壤养分的相关性

采集100个点位土壤和草本植被样品,分别测试pH值、TOC、总氮、总磷和总钾,掌握不同程度沙化区的土壤营养元素含量,对比分析不同地貌单元内广泛分布的优势草本植被狼针和芨芨草所需的土壤养分特征。

1. 不同程度沙化区土壤元素分布特征

通过对不同沙化区表层土壤营养元素含量分布范围进行分析可知,重度沙化区营养元素含量最低,有机碳平均含量为8.0g/kg,N为893mg/kg,P为388mg/kg,K为2.34mg/kg;中度沙化区最高,有机碳平均含量为11.1g/kg,N为1198mg/kg,P为482mg/kg,K为24.0g/kg;轻度沙化区有机碳平均含量为10.4g/kg,N为1065mg/kg,P为432mg/kg,K为2.34g/kg(图5-28)。

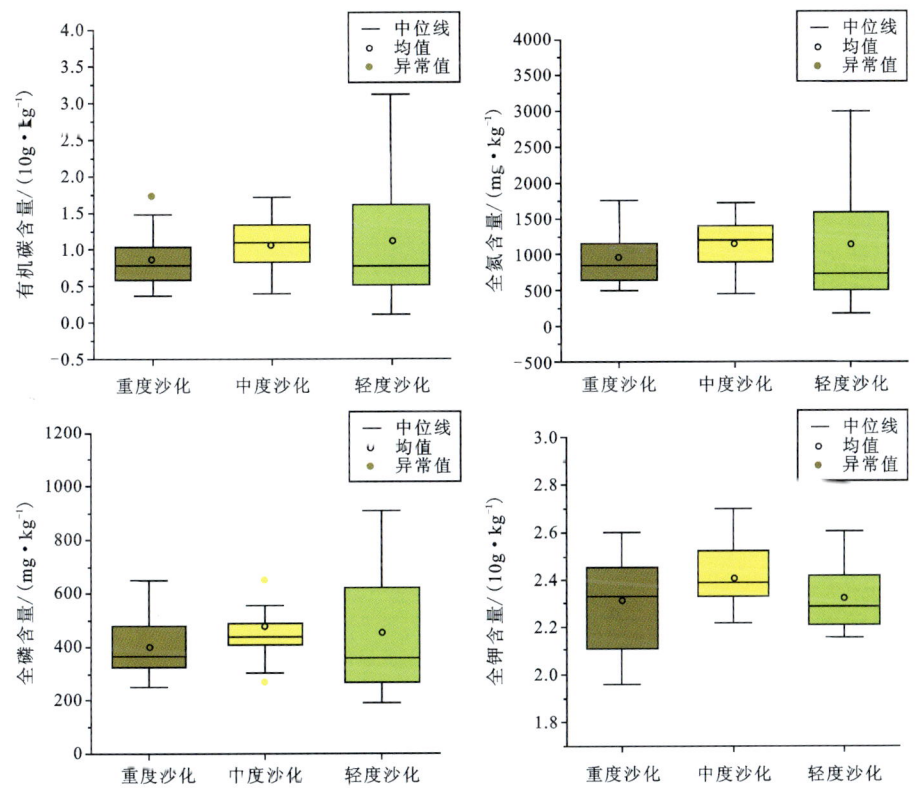

图5-28 康保地区不同程度沙化区土壤养分含量对比图

2. 优势植被与土壤养分分析

根据土壤、植被营养元素(N、P、K、有机碳)测试结果可知(图5-29、5-30),狼针生长环境的土壤pH值在8.61～8.71之间,有机碳在1.6～7.4g/kg范围内,全氮在220～860mg/kg范围内,全磷在183.8～376.5mg/kg范围内,全钾在19.8～23.6g/kg范围内。芨芨草生长环境的土壤pH值为6.69～9.61,有机碳为1.1～31.2g/kg,全氮为182～2492mg/kg,全磷190.6～1325.5mg/kg,全钾为19.3～28.3g/kg。芨芨草生长环境的土壤pH值更大,土壤环境碱性强,对土壤有机碳的要求较低,且波动范围大。狼针生长所需的土壤全氮、全磷较低,对土壤环境的适应性强,在全氮、全磷贫乏的区域更易成为优势植物。

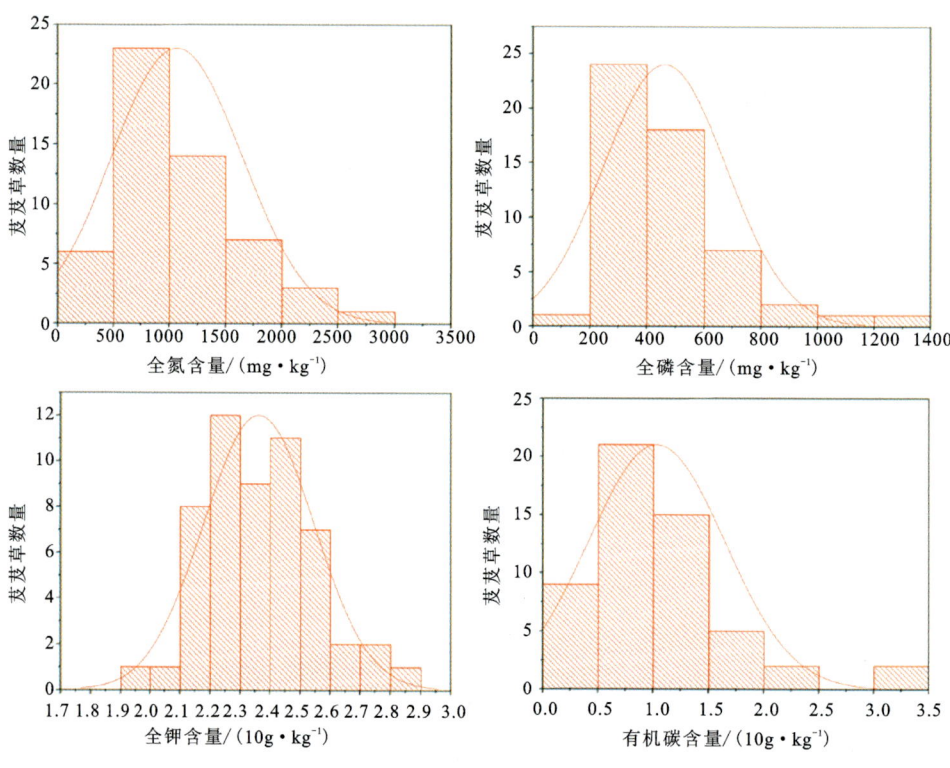

图5-29 康保地区芨芨草生长所需土壤养分含量图

通过对不同地貌类型中芨芨草与狼针生长所需土壤N、P、K、有机碳含量分析结果可知(图5-31),低山丘陵区、缓坡丘陵区和沟谷洼地区芨芨草与狼针生长所需土壤 N、P、K、有机碳含量基本一致,但在侵蚀平原与洪风积平原区狼针生长所需土壤 N、P、K、有机碳含量低于芨芨草,表明在这些区域狼针更易成为优势物种。

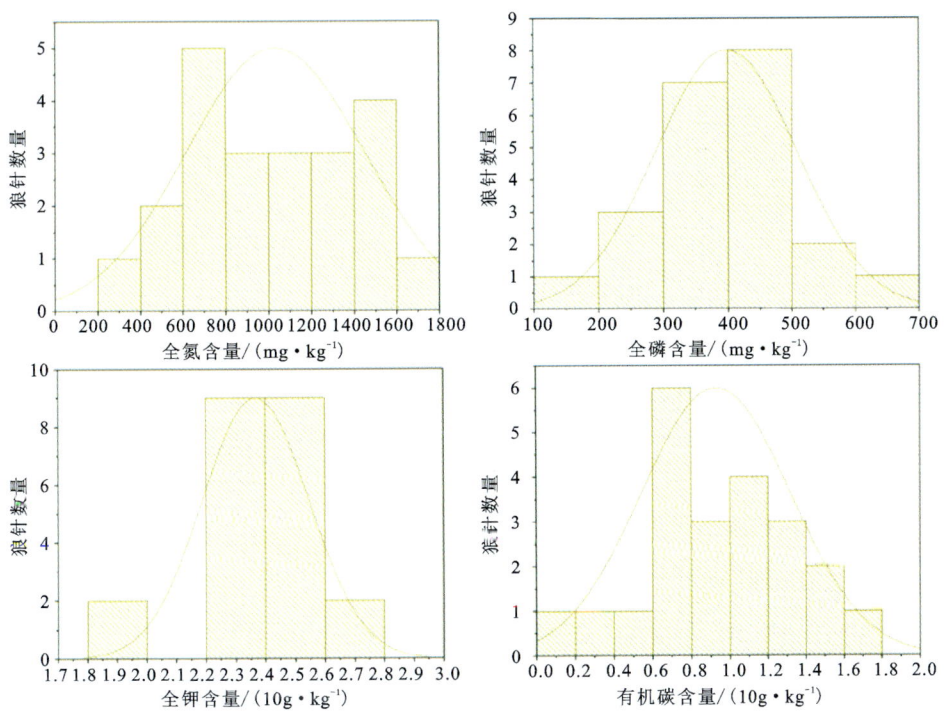

图 5-30　康保地区狼针生长所需土壤养分含量图

三、土地沙化地学机理研究

(一)土地沙化物质来源

区内丘陵地带普遍发育二叠纪火山碎屑岩、长石石英砂岩等沉积建造及花岗岩侵入体,重点沙化区 17 组表层沉积物地球化学元素特征分析结果表明,该序列为一套富硅、富碱,贫铁、镁、钙的偏酸性组合,其中,SiO_2 平均含量 71.9%,Al_2O_3 平均含量 10.3%,Na_2O、K_2O 平均含量不超过 3%。微量元素 Ba、Sr、Zr 含量较高(图 5-32),特征参数 Rb/Sr 平均值 0.48。

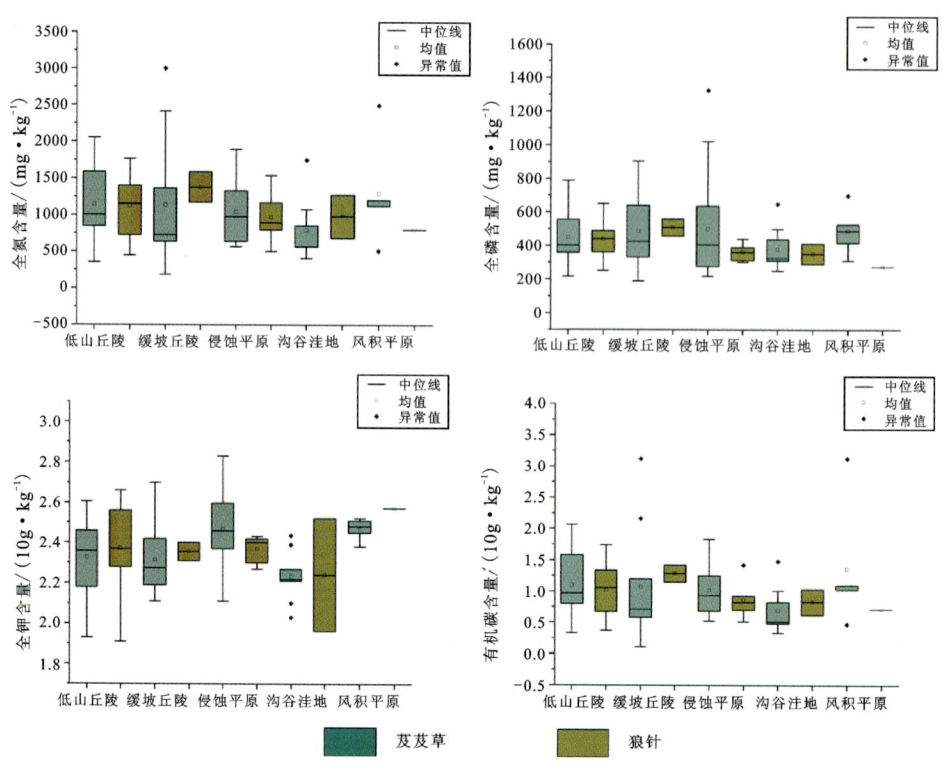

图 5-31　康保地区芨芨草与狼针生长所需土壤养分含量对比图

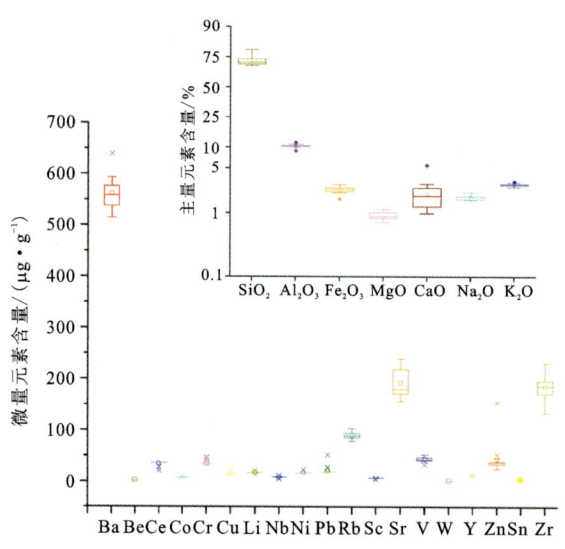

图 5-32　康保地区表层沉积物地球化学元素含量分布图

利用微量元素(Sr、Ba、Ce、Y)以及主要氧化物(SiO_2、Al_2O_3)对表层沉积物的潜在来源进行分析可知(图5-33),主要沙化区表层土壤和二叠纪花岗岩样品 Sr、Ba、Ce、Y 等微量元素与 SiO_2、Al_2O_3 等主要氧化物相关性分析结果表明,表层沉积物主要来源于二叠纪花岗岩类侵入体的风化或水蚀搬运。其他地区基岩建造亦多分布石英砂岩、花岗岩等,SiO_2含量高,易风化形成大量砂粒,为土地沙化提供了物质基础。

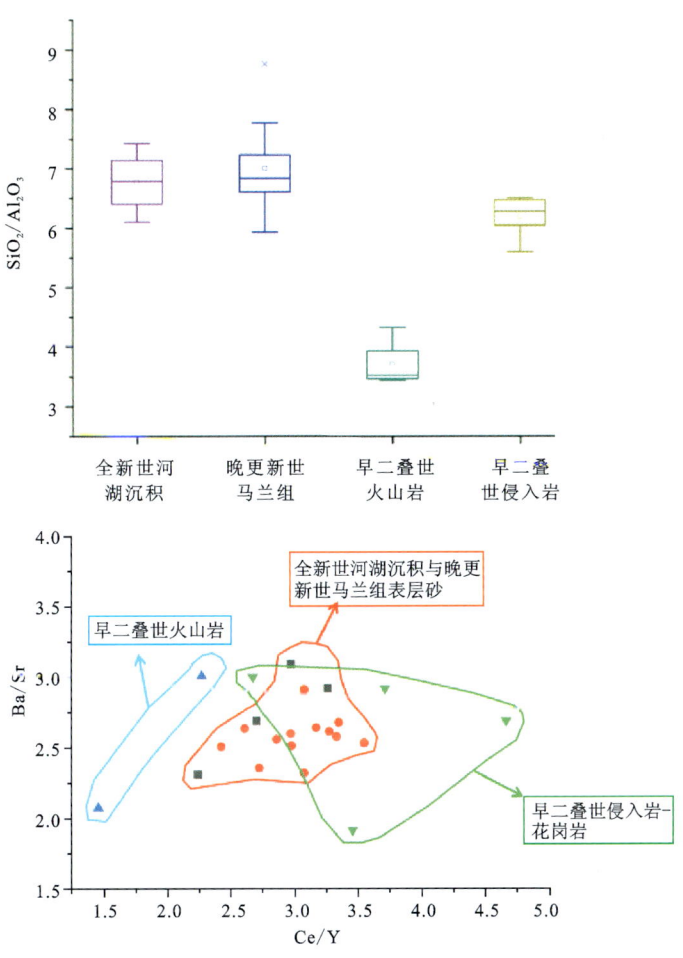

图5-33 康保地区表层沉积物潜在物源分析图

(二)浅部地层结构影响植被长势

1. 地层岩性特征

利用人工浅钻,对 2m 以浅的地层结构进行分析,整体上可分为 4 层(图 5-34、图 5-35)。

(1)第一层。岩性为粉土、细砂层(Qh^{fl+apl}),以灰色、灰黄色为主,一般厚度 0.2~1.5m,上部含植物根系,下伏地层多为含砂粉土层,地貌属河流冲洪积、湖积,大部分地区为轻度沙化区。本层厚度较薄的区域植被长势较差且稀疏,易被风蚀,容易产生沙化现象。

(2)第二层。岩性为含砂粉土或含粉质黏土细砂,以黄棕色、浊黄棕色为主,一般厚度为 0.15~1m,顶部含有植物根系,整层多见小砾石,且分布范围较广。区域上对应马兰组(Qp_3m),地貌上多构成坡洪积裙(台地)或者Ⅱ级阶地。工作区内较纯的风积黄土较少,在冲沟两侧或盆地边缘多为坡洪积粉土夹砂砾石条带。该层整合覆盖于迁安组之上,或不整合于基岩之上。资料显示,此套地层以风积为主,另有坡洪积物参与其中。本层是对沙化或植物生长与分布影响最大的一套地层,地层较薄或缺失的地方一般植物生长较差或直接风蚀沙化。

(3)第三层。岩性主要为中砂、中粗砂层,以黄白色、淡黄色、黄橙色为主,砂层见铁锰斑块及钙质结核,顶部含砂量较高,向下逐渐减少至尖灭,局部见含砂砾石透镜体。整层厚度沿地势由北向南逐渐变薄,多为隐伏地层,分布范围较广,上覆地层为迁安组黄色砂层或砂砾层,区域上对应赤城组(Qp_2c)。该层由长石、石英、云母等组成,发育水平层理或小角度斜层理,一般厚 0.1~2m,局部厚大于 2m。底部可见有 10~20cm 厚的含砾砂层,区域上对应迁安组(Qp_3q),主要分布在冲沟的下部,地貌上多构成河流Ⅱ级阶地,上覆马兰组黄土,下伏赤城组亮红棕色粉质黏土。本套地层基本层序由 3 个单元组成,下部单元由河床相砂砾石层构成,具叠瓦构造,底界面发育侵蚀构造;中部单元由心滩相含砾粗砂构成,具平行层理;上部由河漫滩相细砂组成,发育平行层理。基本层序显示自下而上由粗变细的特征,形成于河流沉积环境。多数细砂、中粗砂层(Qp_3q)裸露区易风蚀沙化,且能够就地形成小面积的流动沙丘。

(4)第四层。粉质黏土层,以红棕色、亮红棕色为主,呈硬塑—可塑,切面较光滑,湿时可搓成长条,干强度高,多为湖相沉积物,岩相较简单,岩性岩相变化较小。本层分布广且厚度较大,直接影响了潜水的分布与降水入渗补给。

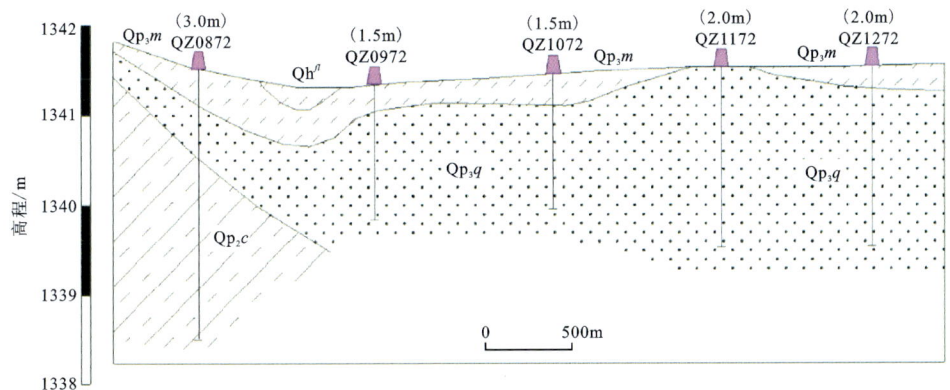

图 5-34 康保地区北部重点地区浅部地层结构图

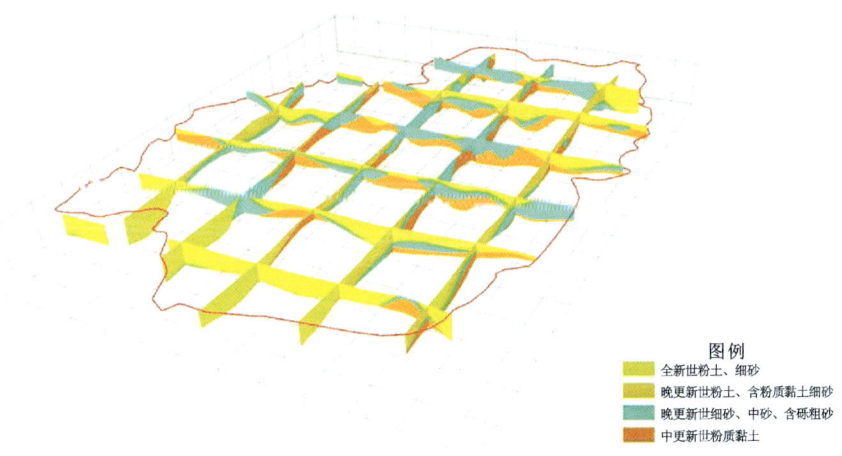

图 5-35 康保地区浅部地层三维结构图

2. 不同地层结构组合影响土地沙化程度和植被长势

2m 内浅部不同的地层结构组合影响植被的长势。利用 431 个人工浅钻地层数据,对比分析浅部不同地层结构组合在空间上的分布特征与土地沙化现状的关系。康保地区 2m 内地层结构可概化为 6 种,其中单一岩性结构主要为风化基岩型、粉质黏土型和砂型,二元结构为粉土＋砂型和粉土＋粉质黏土型,多元结构为粉土＋砂＋粉质黏土型。

风化基岩型分布在低山丘陵区,普遍发育火山碎屑岩、长石石英砂岩和花岗岩侵入体等，矿物组合以石英、酸性斜长石、钾长石和黑云母为主。丘陵山区顶部多为草类植被，坡面以草类、灌木为主，植被覆盖率较低，长势较差。坡面表层土多风化为砂粒，粗化现象严重，入渗条件一般，持水能力较差，易风化产生土地沙化现象。

粉质黏土型主要分布在邓油坊乡西部，属波状高原洪积风积地貌，岩性以浅灰色、棕红色粉质黏土为主，表层浅灰色粉质黏土多含黑色腐殖质，下部棕红色粉质黏土层偶见钙质结构，较硬实，入渗条件一般，持水能力较好，区域植被覆盖率较高，不易产生土地沙化现象。

砂型主要分布在照阳河镇和康保牧场周边，属冲积冲洪积地貌，表层土壤多含砂粒，泥质成分少，整层干燥，入渗条件较好，持水能力差，区域植被覆盖率较低，局部地区坡面覆盖片沙或流动沙丘，易产生土地沙化现象。

粉土＋砂型主要分布在照阳河镇—康保牧场周边、康保县城北部、李家地镇周边、忠义乡—张纪镇—丹清河乡一带以及土城子镇北部，属风积冲洪积地貌。岩性由灰黄色粉土、粉砂、细砂组成，表层土多含小砾石，有土壤粗化现象，粉土层多见钙质胶结，整层干燥，含水率较低，植被多为柠条、耐旱型草类等，覆盖率较低，长势一般，持水能力较差，局部地区坡面覆盖片沙或流动沙丘，易产生土地沙化现象。

粉土＋粉质黏土型主要分布在邓油坊乡南部—土城子—赵家营乡南部，大部分地区属波状高原冲湖积、湖沼沉积，岩性以浅灰色粉土和棕黄色或棕红色粉质黏土为主，湖淖周边的粉土层有盐渍化现象，泥质含量相对较高，整层稍湿，入渗条件一般，持水能力较好。植被类型多以耐碱性草类为主，其他区域以柠条、农作物、杨树、槐树、草类植被为主，不易产生土地沙化现象。

粉土＋砂＋粉质黏土型分布在康保县中部、西南部、东部大部分地区，地貌类型涵盖低山丘陵、侵蚀平原、沟谷洼地等。岩性为浅灰黄色粉土、细砂或粉砂，下部多为棕红色粉质黏土，表层土含小砾石，偶见钙质结核或钙质胶结现象。地层入渗条件、持水能力较好，植被覆盖率较高，长势较好，多为农作物、灌木丛、树林和草类等。该类型的地层结构有利于植被生长，不易产生土地沙化现象。

综上所述，风化基岩型、砂型、粉土＋砂性土型的地层结构入渗条件较好，持水能力差，整层干燥，表层土壤多含砾石，易产生土地沙化现象；粉土＋砂＋粉质黏土型的地层结构入渗条件、持水能力较好，不易产生土地沙化现象；粉土＋粉质黏土型的地层结构主要分布在洼地或湖淖周边，不易产生土地沙化，但局部有土壤盐渍化现象；粉质黏土型的地层结构入渗条件一般，但持水能力好，不易产生土地沙化现象（图5-36）。

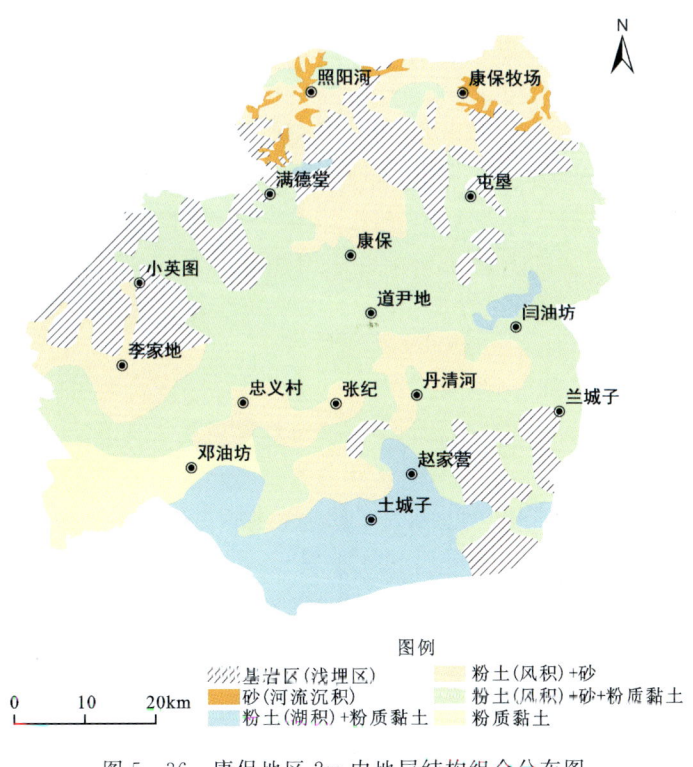

图 5-36 康保地区 2m 内地层结构组合分布图

(三)地下水水位埋深制约植被长势

1. 含水层结构特征

重点沙化区含水层分为两层,以巨厚的红色粉质黏土为界分为上部的浅层地下水和红色粉质黏土之下完整基岩之上的深层地下水(图 5-37)。浅层地下水属第四系松散岩类孔隙潜水,在区域上呈透镜体分布,顶板埋深一般为 2~8m。浅层地下水与大气降水关系密切,是地表植被赖以生存的水源,也是土地沙化影响因素之一。深层地下水类型是层间水,主要赋存于第 3 层的砾石层和第 4 层的基岩层上部(受风化、蚀变影响深度范围)(图 5-38),该层水水质相对较好,水量较大且相对稳定,埋藏深,不易污染,是目前村民主要生活用水和农业灌溉用水。

图 5-37　康保地区浅部含水层（左）和深部含水层（右）图

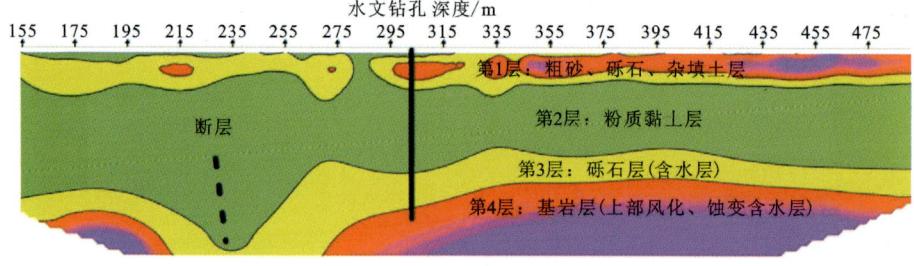

图 5-38　高密度电阻率法对含水层结构解译图

2. 浅层地下水水位埋深

（1）水位埋深小于 3m 地区（图 5-39）。主要分布于满德堂乡、道尹地镇北部及土城子镇周边，属沟谷洼地和冲湖积、湖积地貌，水位埋深一般为 2～3m，土壤含水率高，局部形成湖淖或湿地。植被靠吸收浅层地下水和毛细水维系生命。植被主要有柠条、芨芨草、农作物及少量杨树和榆树等，覆盖率较高，长势较好，水土保持能力较强，不易产生土地沙化现象。

（2）水位埋深 3～5m 地区（图 5-39）。主要分布于康保县中部地区，属波状高原、低山丘陵地貌，大部分地区水位埋深 3～4m，植被覆盖率较高，长势较好，主要植被为柠条、芨芨草、农作物、杨树、榆树、松树等。本区草本植物和灌木生长主要靠降水和地下水维系,湿生植被长势较差,植被由湿生植被向旱生植被演替,水土保持能力一般。康保县北部地区降雨较少,植被水分来源匮乏,易产生土地沙化现象;康保县南部地区降雨偏多,植被长势较好,不易产生土地沙化现象。

(3)水位埋深大于5m地区(图5-39)。主要分布于照阳河镇西北部、忠义乡、小英图、李家地周边地区,属低山丘陵地貌,大部分地区水位埋深5~8m,植被覆盖率较低,多为旱生植被,主要有柠条、狼针、莜麦和少量杨树、榆树等。旱生植物靠大气降水和土壤水维系,其长势与地下水几乎无关,植被水土保持能力较差,容易产生土地沙化现象。

总体来说,河流谷地、湿地、滩地及洼地等浅层地下水水位埋深较小的地区,地下水与植被生态关系密切,水位的埋深在一定程度上决定了植被类型与生长状况,而在低山丘陵地区,水位埋深相对较深,地下水与植被生态的关系较弱,植物生长主要靠大气降水和土壤水维系。

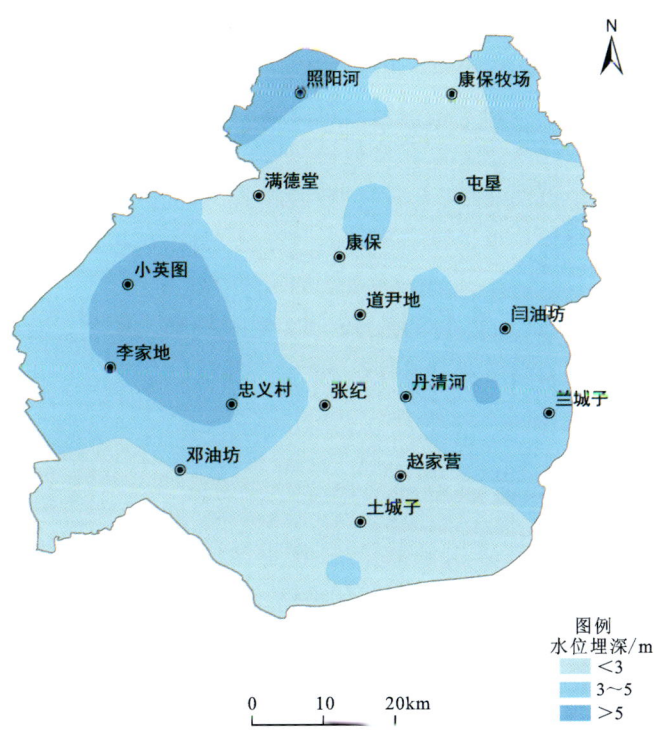

图 5-39 康保地区浅层地下水水位埋深分区图

(四)钙积层分布限制植被长势

重点沙化区钙积层的岩性多为浅灰黄色或黄褐色的粉土、粉质黏土,固结程度较高(图5-40),顶板埋深在0.3~1.2m之间,一般埋深30~60cm,厚度0.2~1.7m,CaO含量大部分为5.79%~8.56%。

图5-40 重点沙化区钙积层野外剖面图

钙积层结构紧密,土层坚硬,通透性差,物理性质不良,导致根系不能舒展,向深层发育受到限制,不利于植物根系对土壤水的吸收,限制了植被的长势与覆盖程度,进而发展沙化现象。康保地区钙积层主要分布在照阳河镇—康保县城、康保牧场—屯垦、小英图北部、忠义乡西部、赵家营东部、丹清河北部地区,这些地区土地沙化相对严重,植被覆盖率较低且长势较差。

第三节 康保地区土地沙化生态地质环境脆弱性评价

一、评价指标与方法

选取气象、地形地貌、水文地质条件、环境地质条件4类一级指标及地形地貌、土地沙化程度、气候、植被类型、浅层地下水埋深、浅表地层岩性、地层沉积结构、表层土壤含砂量等二级指标,构建康保地区生态地质环境脆弱程度评价指标体系(表5-4)。采用的层次分析定权法为专家打分法,根据分数来确定层次分析法所需要的判断矩阵(表5-5),根据判断矩阵,利用MATLAB软件求得矩阵的特征向量,并对特征向量进行归一化处理,得到各评价指标权重(表5-6)。

表5-4 康保地区生态地质环境脆弱程度评价指标分级表

影响因素		评价等级			
一级指标	二级指标	极高脆弱(4)	高脆弱(3)	中等脆弱(2)	低脆弱(1)
气象	多年平均降水量/mm	<320	[320,340)	[340,360)	>360
地形地貌	高程/m	≥1491	[1429,1491)	[1371,1429)	<1371
	坡度/(°)	≥15.8	9.4~15.8	5.0~9.4	<5.0
	地貌	低山丘陵	缓坡丘陵	波状平原	
水文地质条件	浅层地下水水位埋深/m	>5	[3,5)	[2,3)	<2
环境地质条件	浅表地层岩性	细砂	粉砂	粉土	粉质黏土
	浅部地层沉积结构	迁安组	马兰组		全新世
	表层土壤含砂量/%	>60	50~60	40~50	<40
	土地沙化程度	极重度沙化、重度沙化	中度沙化	轻微沙化	无沙化
	植被类型	草地	农作物	其他	林地

表5-5 康保地区生态地质环境脆弱程度评价指标判断矩阵表

	高程	坡度	地貌	多年平均降水量	地下水位埋深	浅表地层岩性	浅部地层沉积结构	表层土壤含砂量	土地沙化程度	植被类型
高程	1	1/2	1/3	1/8	1/6	1/8	1/5	1/7	1/9	1/4
坡度		1	2/3	2/8	2/6	2/8	2/5	2/7	2/9	2/4
地貌			1	3/8	3/6	3/8	3/5	3/7	3/9	3/4
多年平均降水量				1	8/6	8/8	8/5	8/7	8/9	8/4
浅层地下水水位埋深					1	6/8	6/5	6/7	6/9	6/4
浅表地层岩性						1	8/5	8/7	8/9	8/4
浅部地层沉积结构							1	5/7	5/9	5/4
表层土壤含砂量								1	7/9	7/4
土地沙化程度									1	9/4
植被类型										1

表 5-6　康保地区生态地质环境脆弱程度评价指标权重表

第一层因子	第二层因子	权重
气候	多年平均降水量	0.153 0
地形地貌	高程	0.018 9
	坡度	0.037 7
	地貌	0.056 6
水文地质条件	浅层地下水水位埋深	0.113 2
环境地质条件	浅表地层岩性	0.149 0
	表层土壤含砂量	0.132 1
	浅部地层沉积结构	0.094 3
	土地沙化程度	0.169 8
	植被类型	0.075 5

为了使评价结果更加科学合理,选取加权平均综合指数模型进行生态地质环境脆弱程度评价。通过 GIS 生成评价分区图,为了便于比较,对评价指标进行赋值评分,按照脆弱程度等级分别赋值为 1、2、3、4,结合权值 W_i,计算综合评分 PI:

$$PI = \sum_{i=1}^{n} W_i P_i$$

式中:PI 为评价最终得分/分;W_i 为各二级指标权重;P_i 为各二级指标评分/分;n 为指标数。对各单元的最终得分,进行统计分析,平均分配各段分值,得出生态地质环境脆弱程度等级(表 5-7)。

表 5-7　康保地区生态地质环境脆弱程度等级划分

评价得分/分	评价等级
$PI \leqslant 1$	低脆弱
$1 < PI < 2$	中等脆弱
$2 \leqslant PI < 3$	高脆弱
$PI \geqslant 3$	极高脆弱

二、土地沙化生态地质环境脆弱程度

生态地质环境中等脆弱区面积为 725.66km², 占总面积的 21.56%,主要分布在李家地乡—兰城子镇一线以南。该区属轻度土地沙化区,地貌类型为波状平原,浅层地下水水位埋深为3~5m,多年平均降水量为340~360mm,植被类型为农作物,浅表地层岩性以粉土为主,表层土壤含砂量一般小于60%,浅部地层沉积结构以全新世冲洪积、湖沼积为主。生态地质环境高脆弱区面积为2 295.27km², 占总面积的68.20%,主要分布在康保县中部、北部地区,该区属轻度土地沙化或中度沙化区,地貌类型为缓坡丘陵、波状平原,大部分地区浅层地下水水位埋深3~5m,多年平均降水量小于340mm,植被类型以农作物、草地为主,浅表地层岩性以粉土、粉砂为主,表层土壤含砂量一般小于60%,浅部地层结构以全新世冲洪积、湖沼积和上更新统马兰组为主。生态地质环境极高脆弱区面积为344.35km², 占总面积的10.24%,主要分布在芦家营、照阳河、康保牧场、屯垦周边以及闫油坊乡西部地区。该区重度—极重度沙化分布广泛,地貌类型为低山丘陵,大部分地区浅层地下水水位埋深大于5m,多年平均降水量小于320mm,植被类型以草地、农作物为主,浅表地层岩性以细砂、粉砂为主,表层土壤含砂量一般大于60%,浅部地层沉积结构为上更新统马兰组、迁安组(图5-41)。

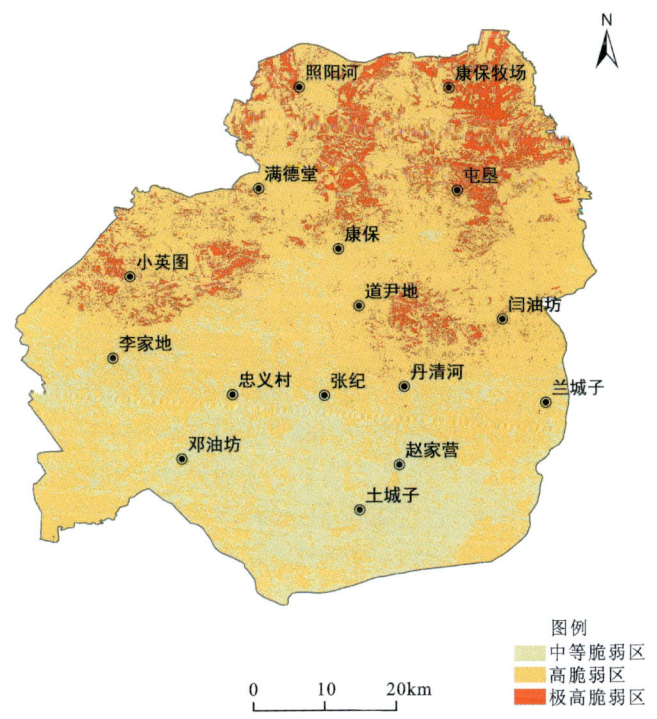

图5-41 康保地区土地沙化生态地质环境脆弱程度分区图

第四节　康保地区土地沙化防治建议

一、土地沙化防治分区建议

本研究通过分析土地沙化生态地质环境脆弱性程度,结合当地的农牧业种植结构以及地下水开发利用现状,对康保地区土地沙化防治分区提出如下建议(图5-42)。

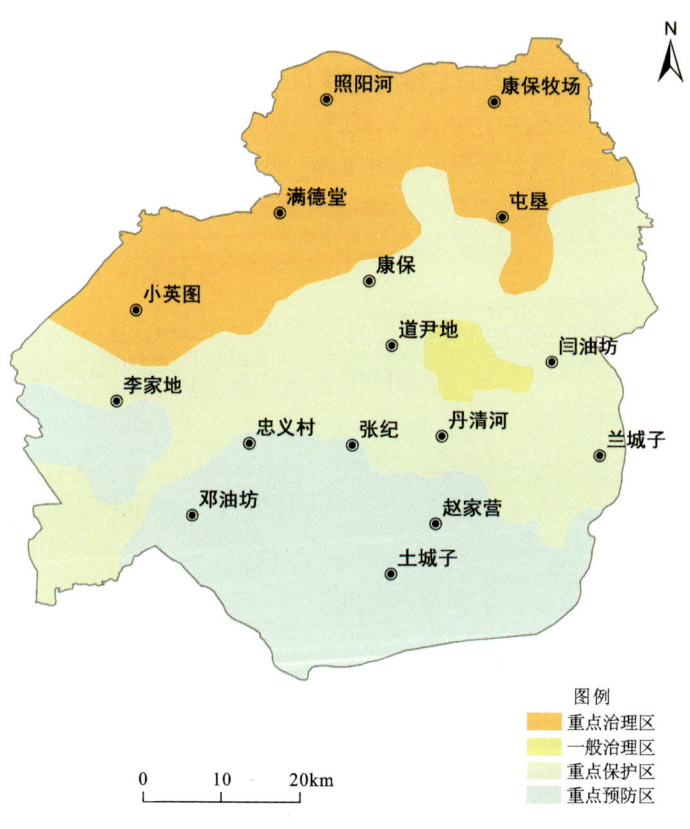

图5-42　康保地区土地沙化防治分区建议图

1. 重点治理区

此类治理区主要分布在芦家营、满德堂、照阳河、康保牧场以及屯垦周边地区,地貌类型主要为低山丘陵。该区属土地轻度沙化、中度沙化或重度沙化区,尤其是照阳河北部地区土地沙化最为严重,大部分地区浅层地下水水位埋深大于5m,养分含量低,多年平均降水量小于320mm,植被类型以草地、旱地、林地为主。

建议:①地形坡度大于9.4°的丘陵地区减少耕地种植,适当种植柠条等耐旱植被。在照阳河西北部、满德堂乡北部以及康保牧场东部砂层出露较多的地区应实施退耕还草,加强固沙植被的种植,减轻地表风蚀。基岩山区应尊重自然规律,禁止非法采石,采取以自然恢复为主、人工修复为辅的方式恢复生态环境。②屯垦东部应减少水浇地面积,并控制浅层地下水开采,增加旱地或草类植被种植。

2. 一般治理区

一般治理区主要位于闫油坊乡西部,该区属缓坡丘陵地貌中度沙化区,浅层地下水水位埋深大于3m,植被以草地和农作物为主。

建议:坡度在5°~9.4°的区域加强林草植被种植,改良土壤,降低水蚀或风蚀影响;减少水浇地面积,控制浅层地下水开采。

3. 重点保护区

重点保护区主要分布于康保地区中部处长地乡、道尹地乡、丹清河乡以及兰城子乡一带,该区属轻度土地沙化或中度沙化区,地貌类型为缓坡丘陵、波状平原,大部分地区浅层地下水水位埋深3~6m,年平均降水量小于340mm,植被类型以农作物、草地为主,浅表地层岩性以粉土、粉砂为主,小型湖淖分布较多。

建议:适当减少中部处长地乡、道尹地乡、丹清河乡水浇地面积,增加旱地或林草种植,控制浅层地下水开采。

4. 重点预防区

重点预防区主要分布在李家地、邓油坊乡、土城子镇及赵家营乡一带,该区属轻度土地沙化或无土地沙化区,地貌类型为波状平原,浅层地下水水位埋深小于4m,多年平均降水量340~360mm,植被类型为农作物、草地,浅表地层岩性以粉土为主。

建议:适当减少南部水浇地面积,湖淖周边种植耐碱性植被,减少水面蒸发量,控制土壤盐渍化。

二、植被种植优化建议

1. 植被种植总体分区

基于浅部 2m 地层结构、钙积层分布、浅层地下水埋藏深度,建议康保地区植被种植区总体分为以下 4 类区域:农作物、林草种植区,耐旱耐碱植被种植区,固沙植被柠条、狼针种植区,耐旱草类植被种植区(图 5-43)。

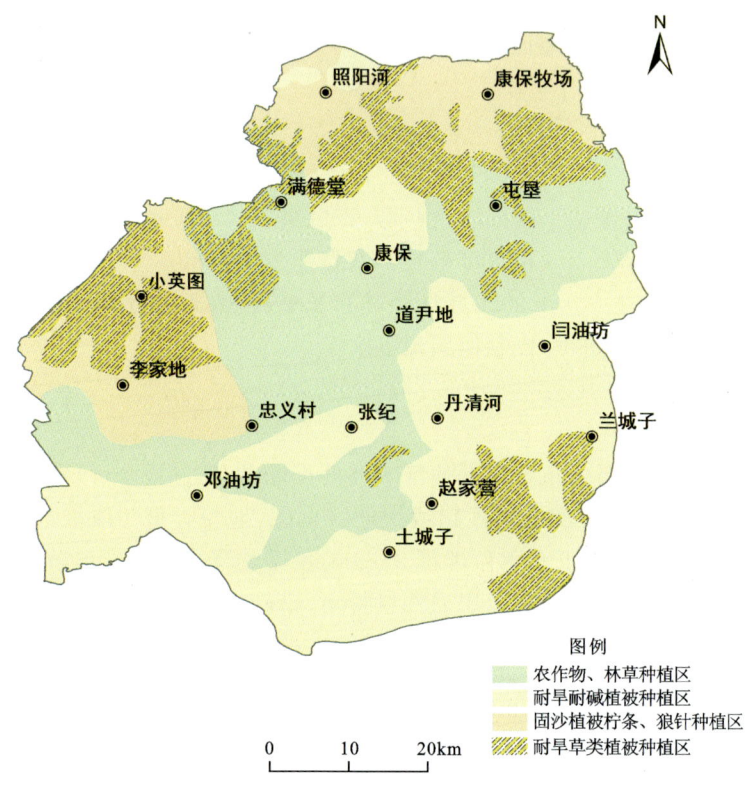

图 5-43 康保地区植被种植分区建议图

(1)农作物、林草种植区。植被生长条件较好,浅部 2m 地层沉积结构以粉土、砂、粉质黏土为主,浅层地下水水位介于 3~5m,适宜种植农作物及一般草木植被。

(2)耐旱耐碱植被种植区。植被生长条件一般,浅部 2m 地层沉积结构以粉土、砂、粉质黏土以及湖相沉积的粉土、砂、粉质黏土地层为主;浅层地下水水位埋深一般为2～3m,最小埋深小于2m,易形成湖相沉积,并伴随蒸发作用导致土壤盐碱化,适宜种植耐旱耐碱植被。

(3)固沙植被柠条、狼针种植区。植被生长条件较差,浅部2m地层沉积结构以粉土、砂为主并含有钙积层,浅层地下埋深介于4～8m,最低地下水水位大于8m,易形成土地沙化,建议种植柠条、狼针等防风固沙植被。

(4)耐旱草类植被种植区。植被生长条件恶劣,主要位于基岩山区,松散沉积物零散分布,此外,该区域内土壤含水率较低,故仅适宜耐旱草类植被生长。

2. 植被种植优化建议

综合考虑土壤化学成分、土壤营养元素和对营养元素的吸收能力等因素,提出以下植被种植优化建议。

(1)建议1。通过土壤颗粒 SiO_2、Al_2O_3 化学含量分析,判定照阳河北部、康保牧场北部、小英图东北部、满德堂北部等地区土壤 SiO_2 含量高、Al_2O_3 含量低,砂性土多、黏性土少,应加强固沙植被种植,退耕还林还草。

(2)建议2。通过土壤氮磷钾营养元素、有机碳含量和植被对土壤营养元素的吸收能力分析,判定氮磷和有机碳含量较高的区域主要分布在李家地、屯垦一闫油坊一带,根据土地利用现状,可保持蔬菜、麦类等种植,其他区域应优化减少经济作物比例,改种固沙植被。

(3)建议3。通过钻孔岩性鉴别,圈定出照阳河西部和东部、康保牧场西北部、小英图西北部、郝家营东北部等区域分布相对连片的土壤钙积层(图5-44),顶板埋深30～120cm(一般埋深为30～60cm),厚度为20～170cm,深根性植被生长受抑制,土地沙化风险高,应种植根系发育较浅的固沙植被(图5-44)。

图 5-44 康保地区钙积层分布范围概化图

第六章 典型矿产资源集中区生态地质环境要素评价

研究区所辖的 13 个县(区)均有矿产资源分布,总体上以尚义-赤城深断裂为界,南部(坝下地区)矿产资源分布较多,北部(坝上地区)相对偏少。本次以冬奥会场周边矿产资源分布区为案例,分析矿业活动影响下水土化学质量状况、地质灾害(隐患)发育特征,提出地学服务建议。

第一节 冬奥会场周边矿集区水土化学质量状况

一、地下水化学质量状况

依据《地下水质量标准》(GB/T 14848—2017),利用 2020 年采集的 114 组浅层地下水样品数据,选取 pH、总硬度、TDS、硫酸盐、氯化物、铁、铜、锌、耗氧量、氨氮、钠、亚硝酸盐、硝酸盐、氟化物、碘化物、汞、砷、镉、铬(Cr^{6+})、铅、硼和镍 22 项指标,进行冬奥会场周边矿产资源分布区地下水质量评价。

评价结果显示(图 6-1),浅层地下水质量总体优良,以Ⅲ类水和Ⅳ类水为主,其中Ⅲ类地下水样品数量为 90 件,占比 78.95%;Ⅳ类地下水样品数量为 22 件,占比 19.30%;Ⅴ类地下水的样品仅 2 件,占比 1.75%。Ⅳ类水和Ⅴ类水主要零散分布于东望山乡—赵川镇—龙关镇—龙炮梁乡部分地区。Ⅳ类水主要超标组分为氟化物、总铁、硫酸盐和总硬度,Ⅳ类水主要超标组分为硫酸盐。

二、地下水重金属环境质量评价

(一)重金属含量特征

101 组浅层地下水样品中各重金属组分的含量总体较低。其中,Cu 含量为 0.029~1.360μg/L,平均值 0.22μg/L;Pb 含量为 0.001~1.260μg/L,平均值 0.10μg/L;Zn 含量为 0.003~6.580μg/L,平均值 0.20μg/L;Ni 含量为 0.86~

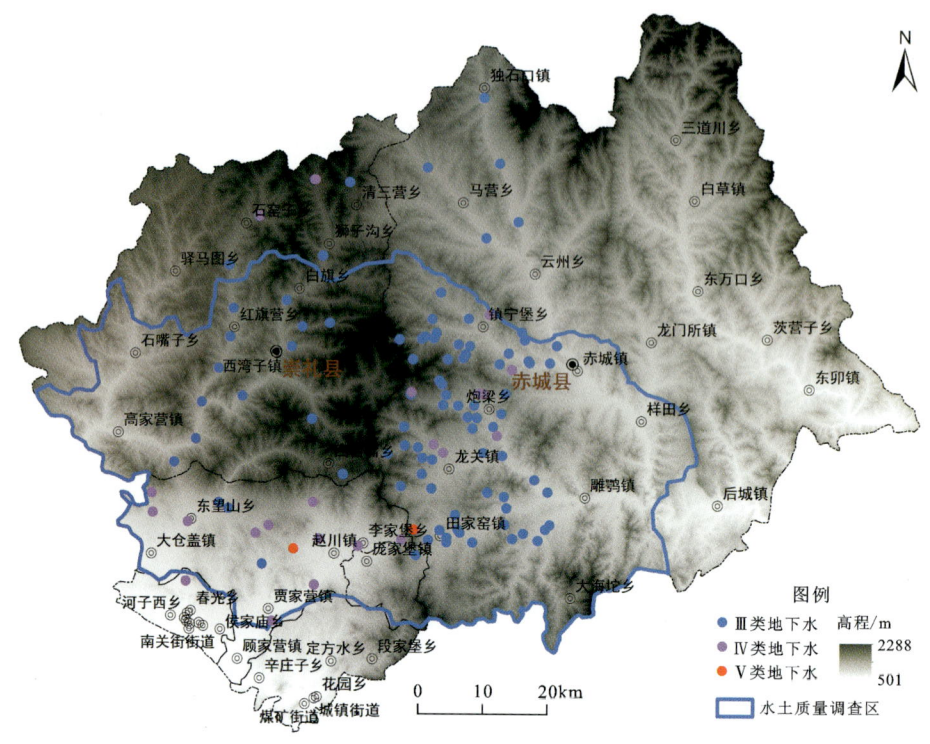

图 6-1　冬奥会场周边矿集区浅层地下水样品化学质量评价图

24.90μg/L,平均值 2.83μg/L;Cd 含量为 0.001~0.750μg/L,平均值 0.02μg/L;As 含量为 0.037~5.380μg/L,平均值 0.68μg/L;Hg 含量为 0.003~0.020μg/L,平均值 0.02μg/L;Cr(六价)含量为 0~54.7μg/L,平均值 4.4μg/L。从不同种类重金属含量箱型图中百分位数(25%、50%和 75%)分布情况可以看出(图 6-2),除个别地下水取样点中重金属的含量稍微较高,其余样品中各重金属组分的含量均较低。

(二)重金属环境质量评价

依据《地下水质量标准》(GB/T 14848—2017)Ⅲ类水的限值,对 2020 年采集的 101 组浅层地下水样品的重金属环境质量状况进行评价。评价结果显示,地下水样品中仅有两组样品中重金属的含量超出地下水质量Ⅲ类水限值,其余地下水样品各重金属组分的含量均满足Ⅲ类水质标准(图 6-3)。

第六章 典型矿产资源集中区生态地质环境要素评价

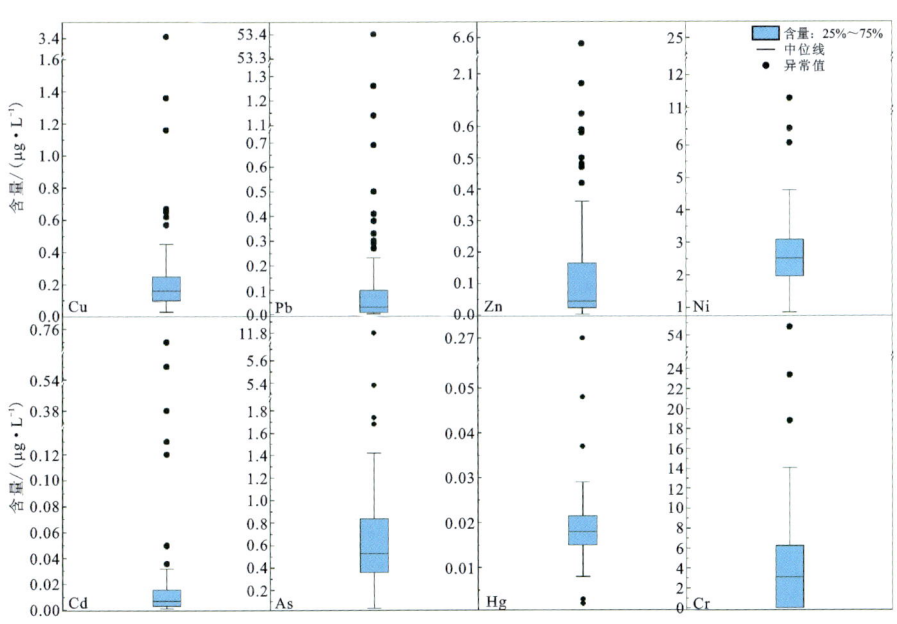

图 6-2 冬奥会场周边矿集区浅层地下水样品重金属含量箱型图

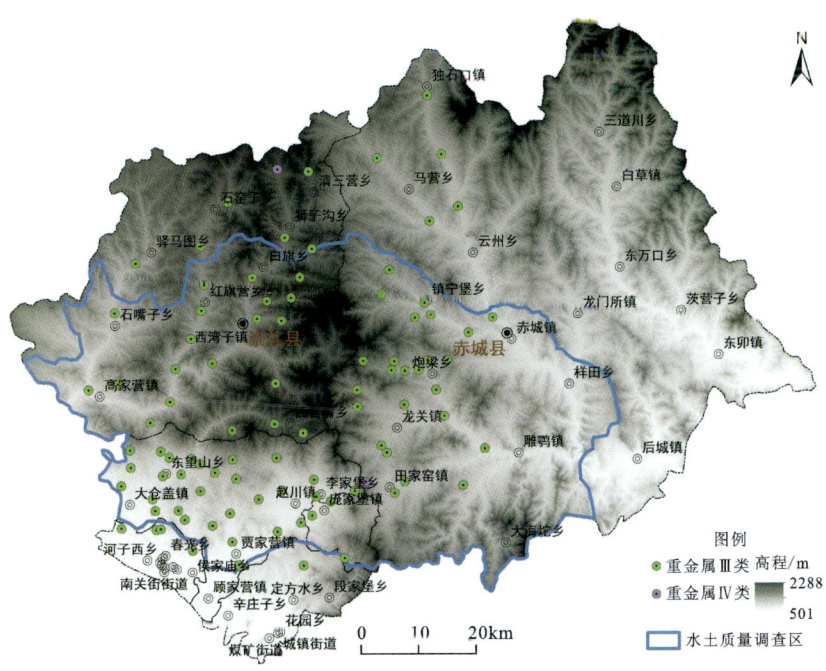

图 6-3 冬奥会场周边矿集区浅层地下水样品重金属环境质量评价图

三、土壤重金属环境质量评价

(一)重金属含量特征

2020年采集的101组土壤样品(20cm以浅)呈现出弱碱性或者碱性,其pH值范围为7.03～9.77。Cu、Pb、Zn、Cr、Ni、Cd、As和Hg等重金属的含量范围变化较大,Cu的含量为7.83～1 030.00mg/kg,主要范围为23.6～36.6mg/kg(百分位数25%～75%,下同);Pb的含量为2.44～417.00mg/kg,主要范围为23.1～31.3mg/kg;Zn的含量为28～3170mg/kg,主要范围为59.3～76.5mg/kg;Cr的含量为11～1060mg/kg,主要范围为48.7～68.6mg/kg;Ni的含量为5.68～202.00mg/kg,主要范围为24.1～34.5mg/kg;Cd的含量为0.07～23.90mg/kg,主要范围为0.12～0.18mg/kg;As的含量为0.12～48.00mg/kg,主要范围为6.28～9.62mg/kg;Hg的含量为0.004 7～1.340 0mg/kg,主要范围为0.015～0.057mg/kg。

83.17%的土壤样品重金属Cu和86.14%的土壤样品中重金属含量高于张家口地区土壤背景值,超过50%的土壤样品重金属Cd、Hg、Zn和Ni高于张家口地区土壤背景值。与之相反,在所取土壤样品中,Cr和As的含量较低,多数低于当地土壤环境背景值。此外,除了少数样品中重金属的含量高于土壤污染风险管控标准值之外,其余大部分样品的重金属含量低于土壤污染风险筛选值。

(二)重金属环境质量评价

本次采用地质累积指数(the geoaccumulation index, I_{geo})评价冬奥会场周边矿集区土壤重金属环境质量状况。计算公式为

$$I_{geo} = \log_2(C_i / K \cdot B_i)$$

式中:C_i为评价土壤重金属元素i的实测含量(mg/kg);B_i为对应的评价金属元素i的背景值(mg/kg);K为修正系数,用于检测并修正非常小的人为影响,一般取1.5。在本次评价过程中,采用张家口地区土壤重金属浓度背景值。

地质累积指数I_{geo}分为7个等级的环境质量水平,其中I_{geo}与环境质量水平的对应关系详见表6-1。

1. 基于土壤环境背景值评价

在冬奥会场周边矿产资源集中区所取土壤样品中,不同种类重金属出现一定程度的超标现象,表明土壤重金属已对该地区土壤环境质量造成了影响。在

所取样品中,超标程度依次为 Hg>Cu>Pb>Cd>Ni>Zn>Cr>As。如图 6-4 所示,土壤重金属 Hg、Cu、Pb、Cd、Ni、Zn、Cr 和 As 的超标样品分别占 40.59%、28.71%、25.74%、20.79%、14.85%、12.87%、9.90% 和 7.92%。

表 6-1 不同类型土壤样品重金属 I_{geo} 统计分析($n=101$)组

地质累积指数	超标等级	Cu	Pb	Zn	Cr	Ni	Cd	As	Hg
$I_{geo} \leqslant 0$	未超标	72	75	88	91	86	80	93	60
$0 < I_{geo} \leqslant 1$	偏中度超标	20	16	11	3	7	17	6	21
$1 < I_{geo} \leqslant 2$	中度超标	4	6	1	5	7	2	2	6
$2 < I_{geo} \leqslant 3$	偏重度超标	1	2	0	1	1	1	0	8
$3 < I_{geo} \leqslant 4$	重度超标	3	2	0	0	0	0	0	4
$4 < I_{geo} \leqslant 5$	偏极度超标	1	0	1	0	0	0	0	1
$5 < I_{geo}$	极度超标	0	0	0	0	0	1	0	1

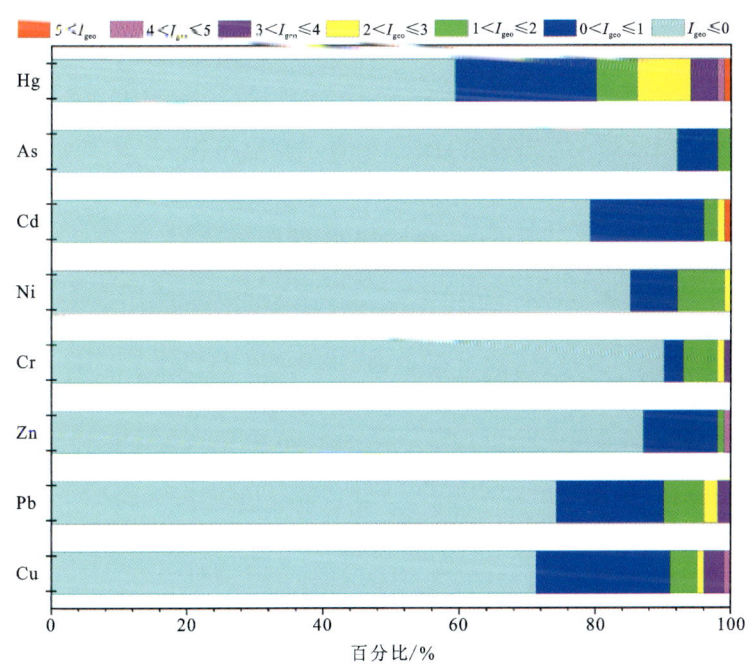

图 6-4 土壤样品重金属 I_{geo} 的百分比示意图

2. 基于土壤污染风险管控值评价

参照《土壤环境质量农用地土壤污染风险管控标准》(GB/T 15618—2018)中二级标准值对土壤样品重金属元素的累积超标程度进行评价,结果表明不同种类重金属出现了轻微超标现象,重金属的超标程度依次为 Cu＞Cr＞Cd＞Pb＞As＞Hg＞Ni＞Zn,超标率分别为 6.93%、5.94%、2.97%、2.97%、1.98%、0.99%、0.99% 和 0.99%。在所取样品中,土壤环境质量未超标、轻微超标、中度超标和重度超标的占比分别为 85.15%、9.90%、3.96% 和 0.99%。其中,重度超标等级的仅有一个取样点。

(三)重金属潜在生态风险评价

本次采用潜在生态风险指数(potential ecological risk index,RI)评价土壤样品重金属潜在生态风险。计算公式为:

$$C_f^i = C_D^i / C_R^i$$

$$E_R^i = T_R^i / C_f^i$$

$$RI = \sum_{i=1}^{m} E_R^i$$

式中:RI 为采样点多种重金属综合潜在生态风险指数;E_R^i 为某单个重金属 i 的潜在生态风险指数;T_R^i 为对应重金属 i 的毒性响应系数;C_f^i 为该元素的污染系数;C_D^i 为该重金属元素的实测含量(mg/kg);C_R^i 为该元素的评价标准(张家口地区土壤重金属含量背景值,mg/kg)。由于本次选取的重金属元素与 Hakanson 研究中的不完全相同,为了使评价结果更合理,E_R^i 和 RI 分级标准如表 6-2 所示。

表 6-2　最高毒响应系数($C_d = 30$)分级调整后潜在生态风险指数分级

E_R^i	超标等级	RI	风险水平	风险等级
$E_R^i < 30$	轻微	$RI < 40$	轻微	轻微
$30 \leqslant E_R^i < 60$	中等	$40 \leqslant RI < 80$	中等	中等
$60 \leqslant E_R^i < 120$	强	$80 \leqslant RI < 160$	强	强
$120 \leqslant E_R^i < 240$	很强	$160 \leqslant RI < 320$	很强	很强
$E_R^i \geqslant 240$	极强	$RI \geqslant 320$	极强	极强

除了重金属 Hg 和 Cd 外,其他重金属的单个生态风险因子多数为轻微或者中等潜在生态风险(图 6-5),而重金属元素 Ni、As、Cr 和 Zn 均未出现强、很强或者是极强单因子潜在生态风险等级。不同种类重金属元素的生态风险程度排序为 Hg>Cd>Cu>Pb>Ni>As>Cr>Zn。

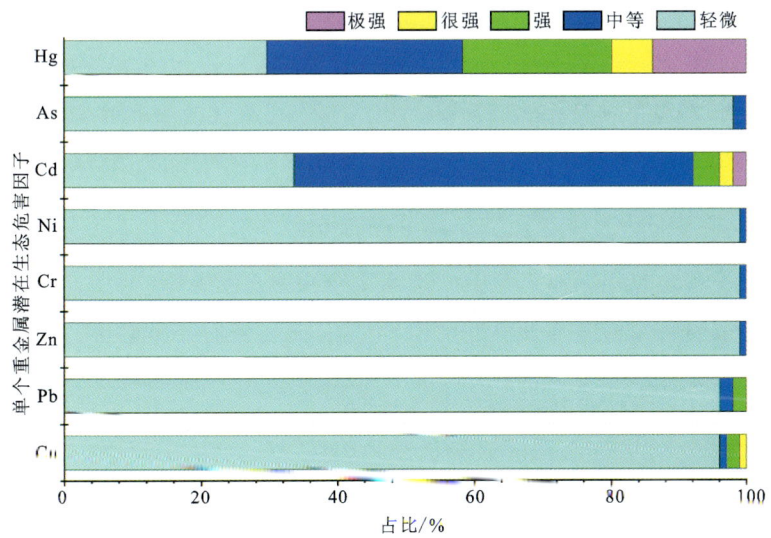

图 6-5　土壤样品重金属潜在生态风险因子百分比示意图

四、土壤、地下水保护地学建议

1. 地下水保护地学建议

本次所取浅层地下水样品中,仅有两组样品中重金属的含量超出地下水质量Ⅲ类水限值,其余地下水样品各重金属组分的含量均满足Ⅲ类水质标准。为了更好地保护地下水化学质量,提出如下建议:一是严格地控制工业和生活污水的排放,尤其是在山区矿产开发频繁地带,禁止直接排放矿坑水、尾矿库废水以及选矿厂污水,加强矿坑、尾矿库及选矿厂污水的处理;二是在矿区,尤其是尾矿库选址地区,应做好严格的防渗措施,严格控制采矿、选矿废渣不合理堆放,保护地表水和浅层地下水不被污染,以免对区域地下水环境造成严重影响;三是采用定期监测的方法,加强水体重金属等元素含量的监测。

2. 土壤生态保护修复地学建议

根据冬奥会场周边矿产资源集中区土壤重金属潜在生态风险评价结果，建议将土壤生态保护修复划分为重点修复治理区、一般修复治理区、重点防控区和一般防控区。

(1)重点修复治理区。是指区域内土壤重金属潜在生态风险等级为极强或很强等级，需进行修复治理的区域，涉及崇礼区的白旗乡、红旗营乡、四台嘴乡和宣化东部、下花园北部等少部分地区。该区域土壤样品主要为矿区农田和平原区农田，单个潜在生态风险因子贡献率偏高的重金属元素为 Hg 和 Cd，少部分样品中 Cu 和 Pb 的贡献率也较高。

(2)一般修复治理区。是指在区域内土壤样品重金属潜在生态风险等级为强等级，少部分样品中土壤生态风险等级为很强或极强等级，整体上土壤生态风险等级较强的地区，涉及赤城县龙关镇、炮梁乡和田家窑一带矿区。

(3)重点防控区。是指区域内所取土壤样品生态风险等级为中等或强生态风险，基本无很强或极强风险等级样品，整体潜在生态风险等级为中等地区，涉及赤城县的赤城镇北侧和镇宁堡乡少部分地区。

(4)一般防控区。是指矿业生产活动较少而农业生产活动相对频繁的地区，主要包括赤城县雕鹗镇、大海陀乡和崇礼区的石嘴子乡、高家营镇，这些地区存在长期的农业生产活动，所取土壤样品中重金属潜在生态风险等级为中等或少部分强生态风险。

第二节　冬奥会场周边矿集区地质灾害(隐患)发育特征

一、地质灾害(隐患)分布

根据 1∶25 万遥感解译及验证结果，结合已有地质灾害(隐患)调查成果，截至 2018 年，冬奥会场周边矿产资源集中区发育地质灾害(隐患)104 处，包括泥石流(隐患)80 处、崩塌(隐患)24 处，总体呈现出中北部和东部分布多、西南部和西北部分布少的特征。其中，泥石流(隐患)按规模等级划分包括特大型 1 处、大型 1 处、中型 9 处、小型 69 处，按易发程度(稳定性)划分包括中易发(欠稳定)55 处、低易发(基本稳定)25 处；崩塌(隐患)按规模等级划分均为小型，按易发程度划分包括中易发 3 处、低易发 21 处。

二、地质灾害(隐患)发育影响因素

(一)地形地貌影响

地质灾害(隐患)的发育与地形地貌的关系密切,微地貌是地质灾害(隐患)产生的背景条件,不同类型的地质灾害(隐患)具有不同的地形地貌条件。

1. 地形地貌与泥石流(隐患)关系

冬奥会场周边矿产资源集中区泥石流(隐患)多集中在中山区,沟谷一般呈"V"形,地形上呈现沟道相对狭窄和流域高差较大等特征,受地形地貌的控制,泥石流的发生频率及危害程度存在差异。主沟纵坡降越大、沟形相对较直、沟内堆积物较少,就易于形成泥石流或洪流。分析结果显示,冬奥会场周边矿产资源集中区 80 处泥石流(隐患)主沟纵坡在 100‰ 以下的有 17 处,介于 100‰~200‰ 的有 49 处,大于 200‰ 的有 14 处。

山坡坡度越大,坡积物相对较薄,形成泥石流的物源相对越差,越不利于泥石流在沟内淤堵,反之,在相对平缓且坡积物较厚区段的沟堑易形成土体崩塌,一旦堵沟易形成泥石流。冬奥会场周边矿产资源集中区泥石流(隐患)山坡坡度在 25°以下的有 15 处,在 25°~40°之间的有 47 处,大于 40°的有 18 处。

2. 地形地貌与崩塌(隐患)关系

冬奥会场周边矿产资源集中区崩塌(隐患)多发生于坡度大于或等于 60°的人工切坡或自然陡坡地段,所处坡体呈陡崖状且坡度大于或等于 60°的崩塌(隐患)有 19 处,占比 80%;所处坡度小于 60°的有 5 处,占比 20%。地形坡度越陡越易引发崩塌灾害,此类边坡多由硬质岩风化带组成,高差几米至数十米不等,岩体风化强烈,加之构造裂隙发育,岩层被裂隙切割分离,为崩塌易发区段,多分布于区内沿河沿沟两岸,呈线性分布且相对分散。由于岩体具有高势能态势,且具有高陡临空面、发育裂隙等有利条件,与岩层面斜交、垂直或顺向,一旦裂隙将山体分割剥离,则形成崩塌(隐患)。因此,地形坡度是崩塌发生的前提条件,为崩塌的发生提供了高陡临空面、高势能的有利条件。

(二)地质构造影响

区域地质构造对地质灾害(隐患)的形成发育有着明显影响:一是控制地貌的形成发育,在构造运动上升区形成高山地貌,沟谷深切,临空面发育,易发生地质灾害;二是改变了岩土体的结构、物理力学性质,尤其在褶皱轴部、转折端和断裂带及其两侧,风化层厚,岩石破碎,裂隙发育,易发生崩塌和滑坡灾害。

通过对地质构造与地质灾害(隐患)的关系作缓冲分析(缓冲距离取1000m)发现,冬奥会场周边矿产资源集中区有42处地质灾害(隐患)的发育直接或间接地与断裂构造有关,约占地质灾害(隐患)的40.44%(图6-6)。

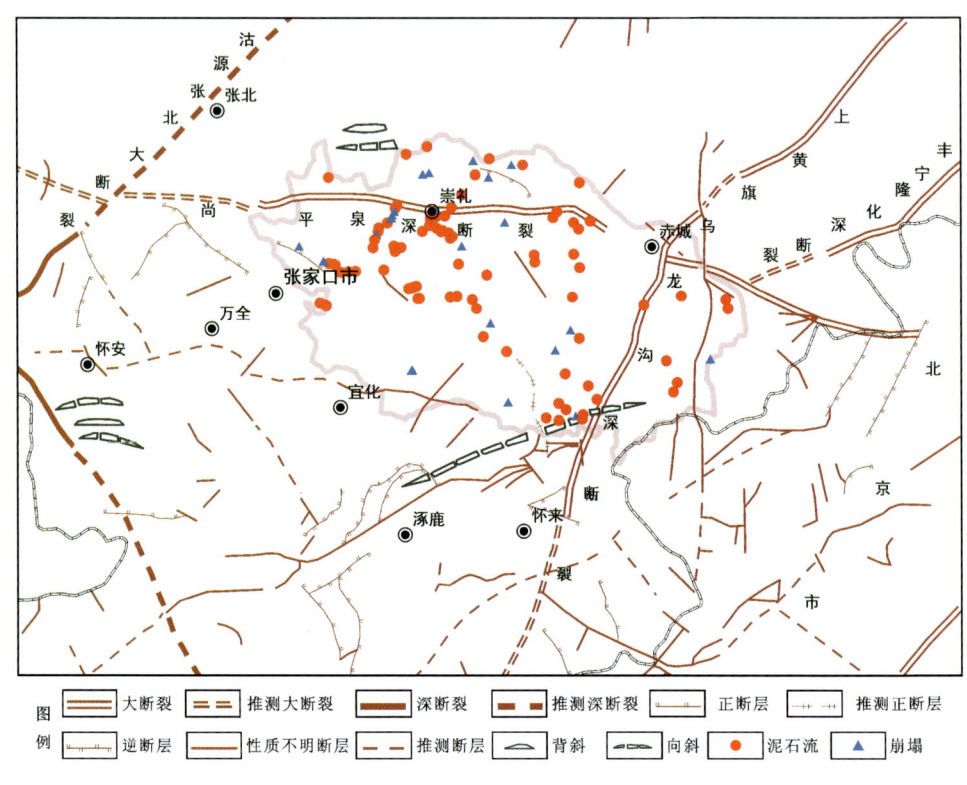

图6-6 地质构造与地质灾害(隐患)分布关系图
(据《中华人民共和国河北省北京市天津市大地构造图》1988修改)

(三)工程地质岩组影响

地层岩性的不同影响地质灾害(隐患)的发育类别和规模。冬奥会场周边矿产资源集中区出露地层较复杂,有变质岩类、火成岩类、碎屑岩类和松散岩类等,地质灾害(隐患)主要发育于松散岩类及中—强风化片麻岩、变质岩组,强风化火成岩组次之。松散岩类主要分布于清水河两侧及以北县域内,该类地层发育的地质灾害(隐患)主要为泥石流,滑坡次之。中—强风化片麻岩、变质岩组广布于崇礼区中部及南部区域,该类地层主要发育泥石流和崩塌地质灾害类型。强风化火成岩组主要分布在崇礼区西南部及北东部,该类地层发育的地质灾害(隐患)主要为泥石流和崩塌。

1. 工程地质岩组与泥石流(隐患)关系

冬奥会场周边矿产资源集中区泥石流(隐患)主要发育于第四纪地层中。第四纪地层成因多为残坡积、崩(坡)积、洪积,且多形成斜坡覆盖层,厚薄不一。岩性一般为松散碎屑土夹碎块石,因结构松散,遇水软化后易受冲蚀,将碎屑土石搬运堆放于主沟内,常成为泥石流的物源。据统计,主沟内不良地质现象严重的泥石流有 51 处,占该区泥石流总数的 63.54%;不良地质现象中等的泥石流有 29 处,占该区泥石流总数的 36.46%。

2. 工程地质岩组与崩塌(隐患)关系

冬奥会场周边矿产资源集中区 24 处崩塌(隐患)主要发育在强风化火成岩组及中—强风化片麻岩组硬质岩类中。此类硬质岩地层多风化强烈,裂隙密布,常形成陡崖地貌,裂隙下穿切层贯通后易形成张性裂缝将岩层切割,孤立岩体逐渐外倾,最终在自重作用下卸荷产生崩塌。

(四)降雨影响

降雨是促使泥石流发生的重要因素之一,降雨量越大越利于泥石流的产生。降雨一般影响泥石流灾害的发生时间、空间分布,以对泥石流活动性产生影响。在以降雨为主要诱发因素的区域充分考虑区域多年平均降雨量以及 20 年、50 年、100 年一遇降雨量水平,冬奥会场周边矿产资源集中区近 30 年累年平均月降雨量、累年月最大降雨量以及累年月最大日降雨量均在 7 月、8 月,分别为 114.4mm、199.5mm、68.7mm。

区内泥石流灾害主要由短时强降雨诱发,发生时间多在 7—9 月。受地形影响,山区形成了小气候区,这些小气候区一般分布在中部至南部,雨季降雨特点是历时短、雨量大。在强降雨条件下,降雨量大于入渗量,沟谷内容易形成地表径流并携带松散物源排泄,从而导致泥石流的发生。

三、地质灾害潜在易发性评价

根据地质灾害(隐患)发育状况,结合考虑地质环境条件和人类工程活动强度,参照《地质灾害调查技术要求(1∶50 000)》(DD 2019—08)进行地质灾害潜在易发性评价分区。本次评价采用地质地貌分析法,根据不同地质灾害(隐患)类型分别进行评价,结合实际调查进行适当调整,最终将冬奥会场周边矿产资源集中区划分为高易发区、中易发区和低易发区。

(一)泥石流灾害潜在易发性评价

1. 泥石流灾害潜在高易发区

泥石流灾害潜在高易发区主要分布在白旗乡—高家营乡沿清水河一带、镇宁堡乡、炮梁乡、四台嘴乡以及上斗营乡周边等地区,发育泥石流(隐患)68处。该区属中低山地貌,坡度大于30°,山顶高程普遍在1540～1750m之间,沟谷切割深度一般为200～600m。地层岩性主要为太古宇片麻岩及变粒岩、侏罗系安山岩及粗面岩,表层风化程度强烈—较强烈,多成块状,局部风化为砂砾或粉末状。大部分坡面第四系厚度为0.2～1m,主要为含砾石坡洪积物,质地松散,部分地区坡脚处形成的风积和洪积物厚度可达5～10m,岩性主要为棕黄色粉质黏土、粉土等。人类工程活动主要为在沟口处建房、修路,高家营镇—四台嘴乡南部一带矿山开采活动强烈,局部存在沟道内堆放废渣石等现象,为发生泥石流地质灾害埋下隐患。

2. 泥石流灾害潜在中易发区

泥石流灾害潜在中易发区分布于冬奥会场周边矿产资源集中区大部分山区,发育泥石流(隐患)11处。该区属中低山地貌,坡度多大于30°,山顶高程普遍在1300～2020m之间,沟谷切割深度一般为200～650m,植被覆盖率平均在30%以上。地层岩性以太古宇片麻岩及变粒岩、侏罗系安山岩及粗面岩为主,岩体表层风化程度强烈—较强烈,多成块状。该区域人类工程活动主要为开挖边坡修路、在陡坡下方建房和采矿。

3. 泥石流灾害潜在低易发区

泥石流灾害潜在低易发区分布于崇礼区南部、赤城县城周边及龙关镇—雕鹗堡镇一带,发育泥石流(隐患)1处。该区地貌类型属低山和小型盆地,坡度多小于30°,山顶高程普遍在500～900m之间,沟谷切割深度一般为50～100m,植被覆盖率较低。地层岩性主要为太古宇片麻岩及变粒岩、侏罗系安山岩及粗面岩,局部出露燕山期侵入正长岩体,坡面第四系覆盖层厚度一般为13～80m,多为粉土、粉质黏土、中粗砂。该区域人类工程活动主要为在坡脚及沟口处修路和采矿。

(二)崩塌灾害潜在易发性评价

1. 崩塌灾害潜在中易发区

崩塌灾害潜在中易发区主要分布于红旗营乡东北部、白旗乡东北部、场地镇北部一带以及赵川镇西南部,发育崩塌(隐患)11处。该区属中低山地貌,坡度多大于45°,山顶高程普遍在1540～1750m之间,沟谷切割深度一般为200～600m,西北部植被覆盖率较低。地层岩性以太古宇片麻岩及变粒岩、侏罗系安山岩及粗面岩为主,局部出露燕山期侵入正长岩及太古宙侵入花岗岩体,岩体表层风化程度强烈—较强烈,多被切割成块状。局部坡脚沉积层较厚。崩塌危岩体多受风化作用被切割成块状或巨块状,在降雨过程中或之后,危岩体沿卸荷裂隙面滑落导致崩塌的发生。人类工程活动主要为陡崖下方建房、修路。

2. 崩塌灾害潜在低易发区

崩塌灾害潜在低易发区分布于冬奥会场周边矿产资源集中区大部分山区,发育崩塌(隐患)13处。该区属中低山区或小型盆地,山体坡度一般小于45°,植被覆盖率一般。该区出露地层岩性以太古宇片麻岩及变粒岩、侏罗系安山岩及粗面岩为主,局部出露燕山期侵入正长岩体,第四系覆盖层较厚,多为粉土、粉质黏土、中粗砂,质地较密实,可见钙质结核。人类工程活动主要为沿坡脚修路和采矿。

四、地质灾害(隐患)防治分区

(一)划分原则

综合考虑地质灾害(隐患)形成的地质环境条件,地质灾害发育密度、强度及(潜在)经济损失,地质灾害易发程度分区等因素,建议将地质灾害(隐患)防治划分为重点防治区、次重点防治区、一般防治区3个级别。

(1)重点防治区。地质环境条件复杂,有利于地质灾害的发生;各类地质灾害（隐患）点分布较密集，隐患突出，直接威胁集中居民点或重要工矿企业、交通、工程设施；潜在灾害损失大，破坏后果严重；人类工程活动强烈，对地质灾害产生起主导作用。

（2）次重点防治区。地质环境条件较复杂，存在有利于地质灾害（隐患）发育的不良工程地质背景，自然因素和人类工程活动可诱发地质灾害，对居民点或工矿、交通工程设施存在威胁，破坏后果较严重。

（3）一般防治区。地质环境条件较单一，人类工程活动诱发的地质灾害轻微，危害较轻或基本无影响；大部分地段无地质灾害（隐患）分布。

（二）地质灾害（隐患）防治分区

1. 重点防治区

该区位于崇礼区主城区和高家营镇及张沽公路两侧地带，按行政区划主要涉及高家营镇、四台嘴乡、红旗营乡、西湾子镇、镇宁堡乡及大海陀乡东部、西部等，发育地质灾害（隐患）97处，其中泥石流（隐患）75处、崩塌（隐患）22处，主要威胁县城或村庄居民、公路等。该区人类工程活动主要为城镇建设、旅游开发、矿山开采及相关公路等基础设施的建设，对该区地质坏境条件影响强烈，对地质灾害产生起主导作用。该区为侵蚀构造中低山区，岩性主要为侏罗系安山岩及粗面岩、太古宇片麻岩及变粒岩和太古宇侵入花岗岩体，风化程度较强，岩体多呈块体碎裂结构或层状碎裂结构，节理裂隙和风化裂隙较为发育，工程力学性质不均一，不良地质现象中等，是泥石流及崩塌的多发区。东部植被覆盖较好、西部较差。人类工程活动相对集中。

2. 次重点防治区

该区位于冬奥会场周边矿产资源集中区西北部、中南部及东部地区，发育地质灾害（隐患）7处，其中泥石流（隐患）5处、崩塌（隐患）2处。该区为侵蚀构造中低山区，西部出露地层岩性为太古宇片麻岩、变粒岩，天山期侵入花岗岩体；东部出露地层岩性主要为侏罗系粗面岩、安山岩，燕山期侵入正长斑岩。岩体破碎、风化。中部植被覆盖较好、西北部相对较差。该区人类工程活动主要为农业活动及村庄建设，近年来通过水土流失治理，山区植被覆盖率大面积恢复，人类工程活动对地质环境的影响由以前的强烈逐步转变为现今的较强烈。

3. 一般防治区

该区位于冬奥会场周边矿产资源集中区中南部，呈条形地带，涉及梅家营、李家堡乡、龙关镇及雕鹗堡乡等。区内目前未发现地质灾害(隐患)。该区为侵蚀构造中山区，岩性主要为全新统砂砾层、更新统黄土及砾石层、侏罗系粗面岩。该区位于清水河上游，地形条件较简单，山坡体坡度多小于45°，沟谷侵蚀程度较低，植被覆盖情况较好。植被覆盖率相对较高，地形相对较简单。

第七章 典型生态旅游与绿色食品供应区土地生态保护修复评价

张北地区位于研究区坝上前缘、京津冀生态涵养区内,"草原天路"等旅游资源丰富,呈高原丘陵景观,独特的气候地理条件为块茎类和中低海拔作物提供了良好的生长条件,是全国重要的绿色有机食品供应基地。本次以张北地区为例,评价了生态功能重要性及生态敏感性,提出了基于主导生态功能的土地生态保护修复分区建议,同时分析了区内绿色食品供应重点片区的土壤化学元素分布特征,评价了土壤地球化学质量,提出了土壤资源合理开发利用的地学建议。

第一节 张北地区土地生态保护修复分区研究

一、研究方法、分区命名原则及数据来源

(一)研究方法

从区域生态安全底线出发,参照国土空间开发适宜性和资源承载能力评价方法,进行水源涵养、水土保持、生物多样性维护、防风固沙等生态功能重要性评价以及水土流失、土地沙化等生态敏感性评价。

1. 水源涵养功能重要性评价

根据《生态保护红线划定指南》(2017年5月)水源涵养量通过降水和蒸散的水量分解模型法进行评价,将量值按从高到低的顺序排列,计算累积量值。将累加量值占总值比例的50%与80%所对应的栅格值作为水源涵养重要性评估分级的分界点,将水源涵养重要性分为3级,即极重要、重要和一般重要。具体评价过程见图7-1。

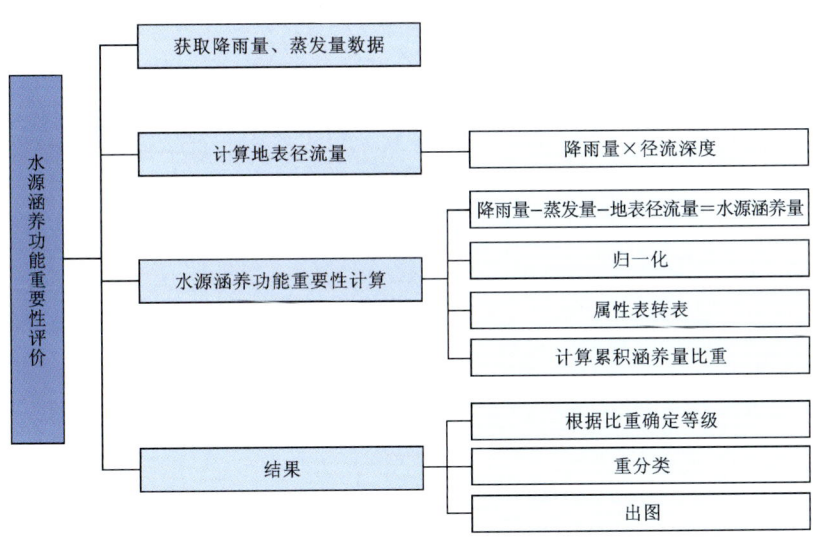

图7-1 水源涵养功能重要性评价过程图

2. 水土保持功能重要性评价

水土保持是生态系统（如森林、草地等）通过其结构与过程减少由水蚀所导致的土壤侵蚀的作用，是生态系统提供的重要调节服务之一。由于张北地区地处华北地区，坡度较缓，因此在进行坡度分级时采用自然间断点法，由陡到缓分为3级（表7-1）。将坡度最陡一级且植被覆盖度不小于60%的森林、灌丛、草地确定为水土保持极重要区。在此范围外，将坡度较陡一级且植被覆盖度不小于20%的森林、灌丛和草地确定为水土保持重要区。

表7-1 张北地区水土保持功能重要性分级阈值

坡度	植被覆盖度≥60%的森林、灌丛和草地	植被覆盖度20%~60%的森林、灌丛和草地	植被覆盖度≤20%的森林、灌丛和草地
陡	5	3	1
较陡	3	3	1
缓	1	1	1

3. 生物多样性维护功能重要性评价

采用 NPP 法(净初级生产力,net primary productivity)以生物多样性维护服务能力指数作为评估指标划定生物多样性维护功能重要性等级,计算公式为

$$S_{bio}=NPP_{mean}\times F_{pre}\times F_{tem}\times(1-F_{alt})$$

式中:S_{bio} 为生物多样性维护服务能力指数;NPP_{mean} 为多年植被净初级生产力平均值;F_{pre} 为归一化降水量因子;F_{tem} 为归一化气温因子;F_{alt} 为归一化高程因子。

4. 防风固沙功能重要性评价

以防风固沙服务能力指数作为评估指标划定防风固沙功能重要性等级,计算公式为

$$S_{WS}=NPP_{mean}\times K\times F_q\times D$$

$$F_q=\frac{1}{100}\sum_{i=1}^{12}u^3\left\{\frac{ETP_i-P_i}{ETP_i}\right\}\times d$$

$$ETP_i=0.19(20+T_i)\times(1-r_i)$$

$$u_2=u_1(z_2/z_1)^{1/7}$$

$$D=1/\cos\theta$$

式中:S_{WS} 为防风固沙服务能力指数;K 为土壤可蚀性因子;F_q 为多年平均气候侵蚀力;D 为地表粗糙度因子;u 为 2m 高处的月平均风速;u_1、u_2 分别为 z_1、z_2 高度处的风速;ETP_i 为月潜在蒸发量;P_i 为月降水量;d 为当月天数;T_i 为月平均气温;r_i 为月平均相对湿度;θ 为坡度。

5. 生态敏感性评价

评价水土流失敏感性、土地沙化敏感性,识别极敏感区和敏感区,取各项结果的最高等级作为生态敏感性等级。本次评价利用高精度农牧交错带环境地质调查中张北县水土流失、土地沙化专项调查监测成果,将水力侵蚀强度和风力侵蚀强度剧烈和极强烈等级划为极敏感,将强烈和中度等级划分为敏感。

(二)生态保护修复分区命名原则

利用 GIS 空间分组技术,采用单因子分析法和综合因素分析法进行区域比较优势的甄别,对张北县的土地生态类型进行划分,由土地生态子系统类型+主导生态功能、生态敏感性特征或生态环境问题+生态修复区构成。土地生态子系统包括森林、草地、农田、城镇等,生态环境包括饮用水保护、湿地退化、重要地

质遗迹等,生态服务重要性和生态敏感性特征包括水源涵养、水土保持、生物多样性维护、防风固沙、水土流失、土地沙化等,在命名时根据区域具体情况选择重点或典型的特征用之。

(三) 数据来源

使用的数据主要有反映地形特征的数字高程模型(DEM),并以此为基础生成坡度及坡向数据,反映植被生长状态的归一化植被指数(NDVI),反映植被综合生态影响能力的 NPP 数据[72-74];土壤数据采用世界土壤数据库(HWSD)中的中国土壤数据集(V1.1);降水等气象、气候数据源于中国气象科学数据共享服务网;不同土地利用类型及面积数据源于遥感解译和野外实际调查。主要数据来源见表 7-2。

表 7-2 主要数据来源

名称	类型	分辨率/km	数据来源
高程数据集	DEM 栅格数据	0.03	地理空间数据云平台
NDVI 数据	栅格	1	中国科学院资源环境数据平台
NPP 数据集	栅格	1	中国科学院资源环境数据平台
土壤数据集	栅格	1	地理遥感生态网平台
气象、气候数据集	栅格/文本	1	中国气象科学数据共享服务网
土地利用类型及面积	栅格/文本	0.03	遥感解译和野外实际调查

二、生态功能重要性评价结果

(一) 水源涵养重要性评价结果

水源涵养是生态系统(如森林、草地等)通过其特有的结构与水相互作用,对降水进行截留、渗透、蓄积,并通过蒸散发过程实现对水流、水循环的调控,主要表现在缓和地表径流、补充地下水、减缓河流流量的季节波动、滞洪补枯、保证水质等方面。评价结果显示(图 7-2,表 7-3),水源涵养功能极重要区面积约为 445.53 km²,占比约 10.31%,主要分布在张北地区南部及北部黄盖淖水库等地区;重要区面积约为 1 951.45 km²,占比约 45.17%;一般重要区面积约为 1 923.71 km²,占比约 44.52%。

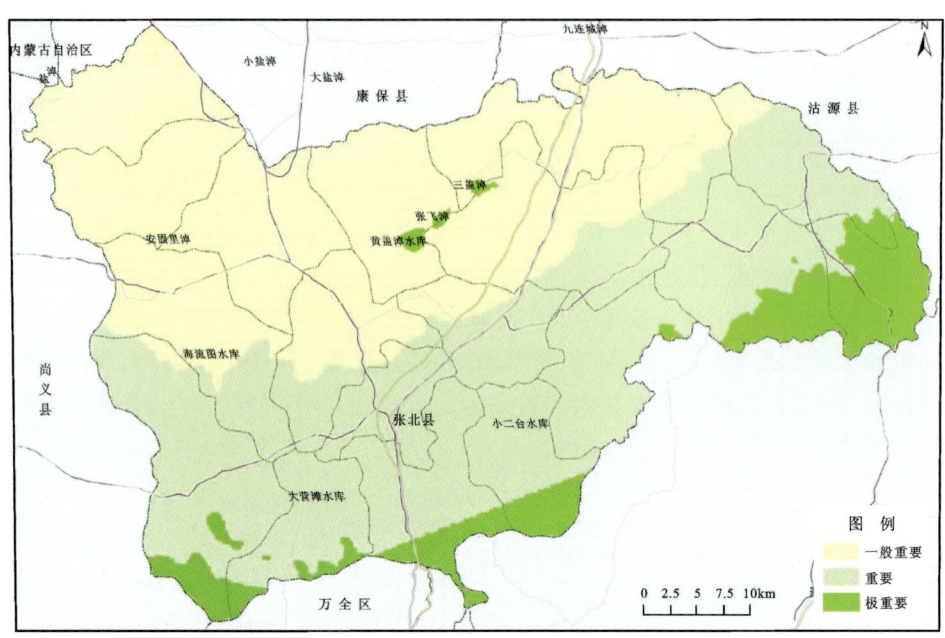

图 7-2 张北地区水源涵养功能重要性评价等级图

表 7-3 张北地区各生态功能评价结果汇总表

评价指标	极重要		重要		一般重要	
	面积/km²	占比/%	面积/km²	占比/%	面积/km²	占比/%
水源涵养	445.53	10.31	1 951.45	45.17	1 923.71	44.52
水土保持	302.86	7.01	2 957.12	68.44	1 060.70	24.55
生物多样性维护	495.72	11.47	1 004.93	23.26	2 820.01	65.27
防风固沙	1 753.13	40.58	2 067.65	47.85	499.89	11.57

(二)水土保持重要性评价结果

张北地区平均海拔在 1400～1600m,水热条件较充足,植被以林地和牧草为主,区域内植被能提供的水土保持功能总体较强。评价结果显示(图 7-3,表 7-3),重要区和极重要区占比约 75.45%,其中极重要区面积较小,面积约 302.86km²,重要区面积约 2 957.12km²;一般重要区面积约 1 060.70km²,占比约 24.55%。

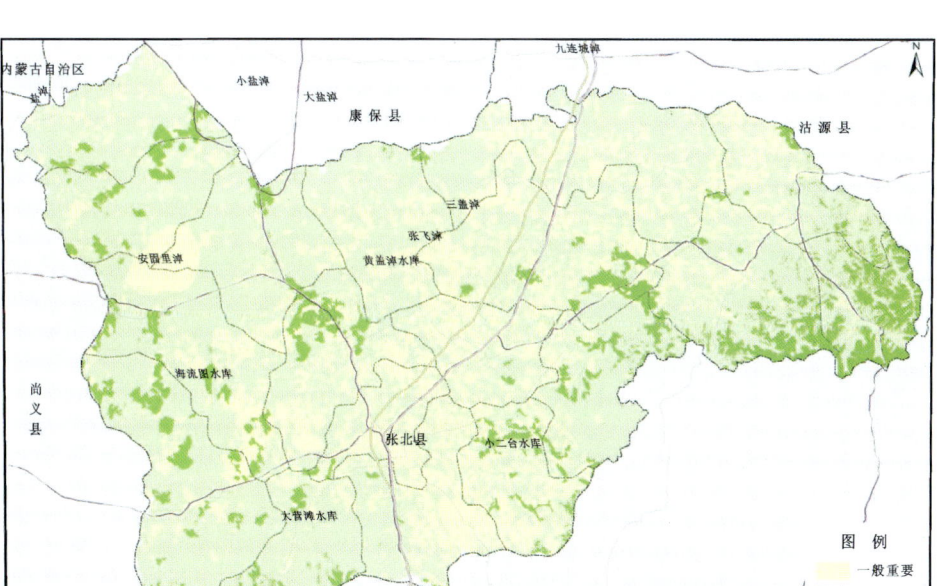

图 7-3 张北地区水土保持功能重要性评价等级图

(三)生物多样性维护重要性评价结果

生物多样性维护功能是生态系统在维持基因、物种、生态系统多样性方面发挥的作用,是生态系统提供的最主要功能之一。生物多样性维护功能与珍稀濒危和特有动植物的分布丰富程度密切相关,主要以国家一级、二级保护物种和其他具有重要保护价值的物种为评估指标。评价结果显示(图7-4,表7-3),生物多样性维护功能极重要区面积约495.72km^2,占比约11.47%,主要分布在城区东部的小二台水库及其周边区域;重要区面积约为1 004.93km^2,占比约23.26%;一般重要区面积约为2 820.01km^2,占比约65.27%,主要分布在张北地区西北部。

(四)防风固沙重要性评价结果

防风固沙是生态系统(如森林、草地等)通过其结构与过程减少由风蚀所导致的土壤侵蚀的作用,是生态系统提供的重要调节服务之一。评价结果显示(图7-5,表7-3),防风固沙极重要区面积占比约40.58%,在全域均有分布;重要区和一般重要区面积占比约59.42%,呈不规则形态分布于极重要区周边。

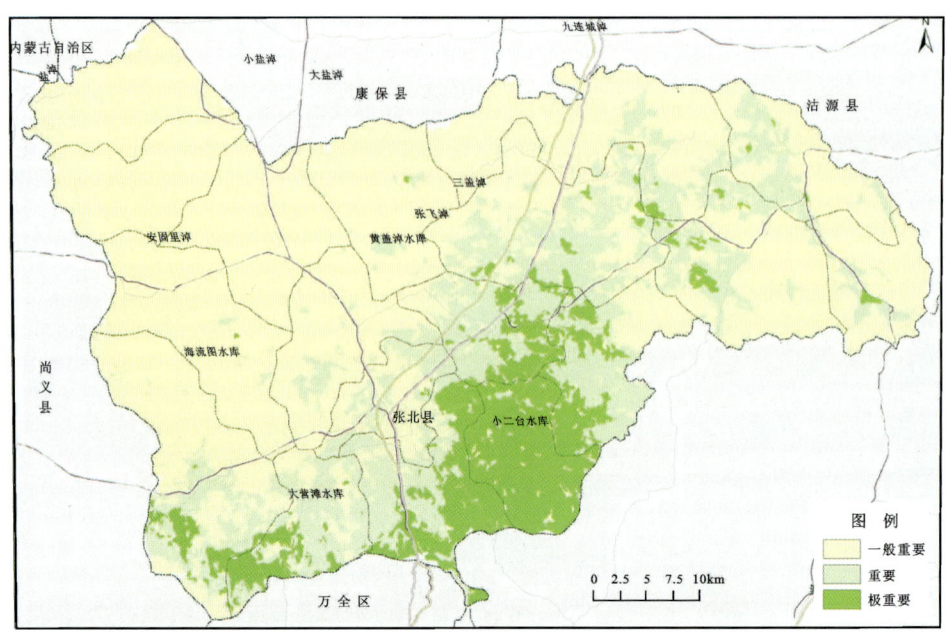

图 7-4　张北地区生物多样性维护功能重要性评价等级图

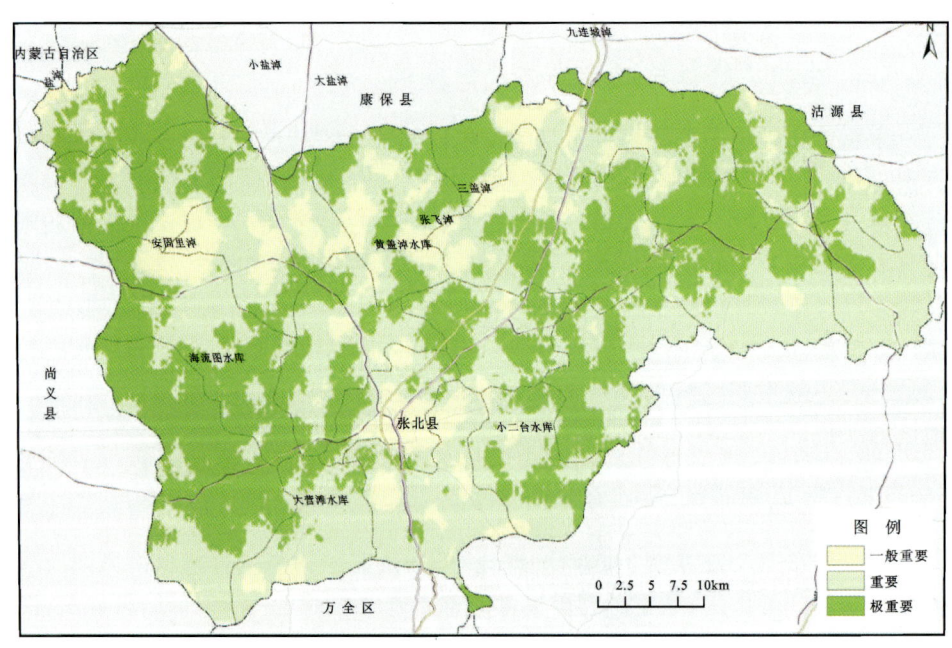

图 7-5　张北地区防风固沙重要性评价等级图

三、生态敏感性评价结果

总体上,张北地区生态敏感性以一般敏感为主(图7-6,表7-4),面积约4 063.32km², 占比超过94%;极敏感区面积约179.44km², 占比约4.15%,主要分布在安固里淖、海流图水库、大营滩水库等湿地集中分布区域;敏感区面积约77.91km², 占比约1.80%。

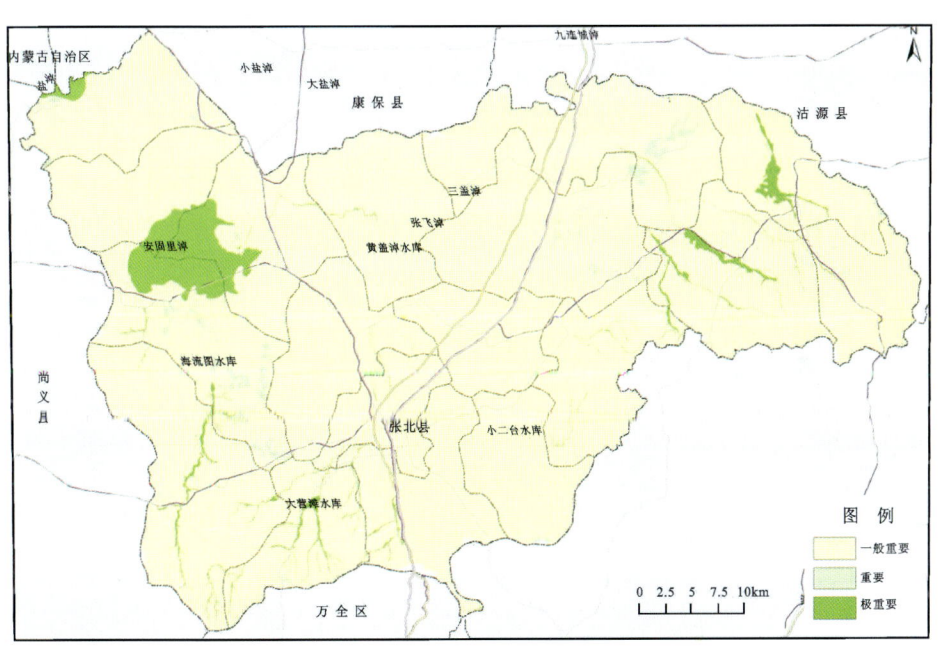

图7-6 张北地区生态敏感性评价等级图

表7-4 张北地区生态敏感性评价结果汇总表

评价指标	极敏感		敏感		一般敏感	
	面积/km²	占比/%	面积/km²	占比/%	面积/km²	占比/%
生态敏感性	179.44	4.15	77.91	1.80	4 063.32	94.04

四、土地生态保护修复分区建议

根据生态功能重要性和生态敏感性评价结果,遵循前述生态保护修复分区方法及命名原则,建议将张北地区划分为4类生态功能区(图7-7)。

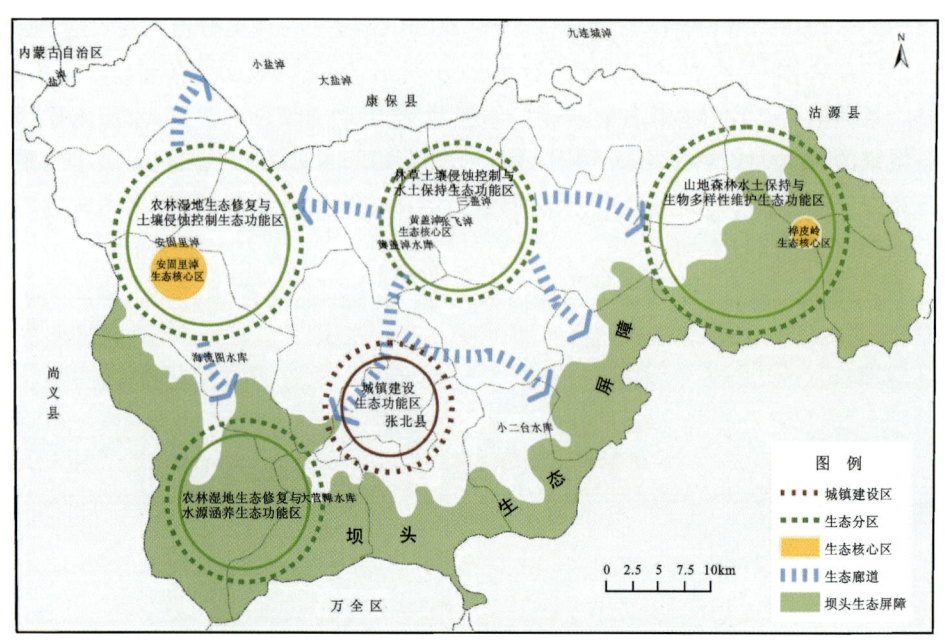

图7-7 张北地区土地生态保护修复功能分区建议图

1. 农林湿地生态修复与土壤侵蚀控制生态功能区

该类生态功能区位于张北地区西北部，主要分布于两面井乡、大西湾乡、公会镇、海流图乡西北部及馒头营乡北部。土地利用类型以农田和林地为主，华北最大高原湖泊安固里淖位于该区中部。受自然条件和农业开发等影响，安固里淖明显萎缩，土壤侵蚀现象越发凸显。建议以林地资源保护为主、辅以退耕还林等人工工程进行生态修复，使遭到破坏的生态系统逐步恢复或使生态系统向良性循环方向发展。

2. 农林湿地生态修复与水源涵养生态功能区

该类生态功能区位于张北地区西南部，包括单晶河乡、大河乡、台路沟乡、海流图乡南部、馒头营乡南部及油篓沟乡西部地区。土地利用类型以农田、林地和湿地为主。建议优化配置土地资源，按照适地适树的原则，因地制宜地植树造林，恢复森林植被，对湿地受损的区域进行修复，从而改善生态环境。

3. 林草土壤侵蚀控制与水土保持生态功能区

该类生态功能区位于张北地区北部，包括二泉井乡、沙沟镇及二台镇西北部。此区林地和草地资源分布较为广泛,土地利用程度较高,植被长势略差、根系不够发达,降雨造成土壤侵蚀严重,加之人类活动影响,林草数量呈减少趋势。建议强化生态防护林体系建设,加强地表植被保护和土壤侵蚀控制,增强土地生态系统的自我恢复能力,实现生态系统的良性循环。

4. 山地森林水土保持与生物多样性维护生态修复区

该类生态功能区位于张北地区东南部,包括小二台镇、白庙滩乡、二台镇东南部、宇宙营乡南部、大囫囵镇、三号乡及战海乡。森林覆盖度大,植被类型丰富,地形起伏明显,林草资源丰富,促进了水土保持功能的稳定性,对调节水热气候、涵养水源发挥着重要作用。建议进一步加强对生态防护林的保护,使土壤水土保持功能得到稳固,实施林地分级保护、差别化管理,完善林地保护补偿机制,维护森林生态系统的健康与稳定。

5. 城镇建设生态功能区

该生态功能区位于张北县中部的张北镇。由于城镇人口不断累积,建设用地扩张,直接对耕地数量造成影响,人地矛盾日益严峻。建议今后发展应以严格控制城市无序扩展为重点,节约集约利用土地资源,缓解城市用地紧张,增加耕地后备资源量,提高城市土地生态系统和耕地生态系统的承载能力。

第二节 绿色食品供应重点片区土壤质量化学评价

一、土壤化学元素区域分布特征

针对馒头营乡、二台镇、战海乡、台路沟乡、两面井乡、小二台镇和郝家营乡—白庙滩乡一带7个片区,按照大量元素、微量元素、有害元素3个类别阐述土壤化学元素区域分布特征。

(一)N、P、K等大量元素分布

1. N、P、K与有机碳元素分布

7个片区大部分不接壤,农业种植结构有差异,因此土壤中N、P、K及有机碳含量变化各异。

馒头营乡土壤N、P、K及有机碳平均含量与坝上地区背景值接近,含量相对适中;二台镇土壤N、P及有机碳平均含量小于坝上地区背景值,K_2O平均含量接近背景值;战海乡土壤N、P、K及有机碳平均含量大于坝上地区背景值,特别是有机碳,平均含量达到了背景值的2倍;台路沟乡和两面井乡土壤有机质含量显著偏高(富集系数$X_2/X_0>1.6$,其中X_2表示平均含量,X_0表示坝上地区背景值),P元素显著偏低(富集系数$X_2/X_0<0.6$)。

2. N、P、K 有效量

土壤N、P、K有效态含量作为农作物生长所必需的营养成分,含量水平主要受人为耕作、施肥的影响。碱解氮、有效磷、速效钾与土壤中对应的全量元素呈明显的正相关关系,即土壤中的大量营养元素越高,其有效态成分越高(图7-8)。

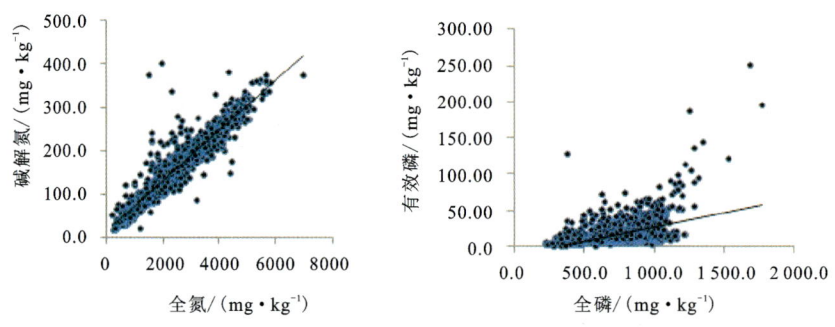

图 7-8 土壤中碱解氮、有效磷含量与对应的全量元素关系图

(二)土壤 Mn、B、Mo、V、Co、Se 等微量元素分布

1. Mn、B、Mo

土壤B平均含量与坝上地区土壤背景值相当。除战海乡外,其他片区土壤Mn、B、Mo平均含量均低于坝上地区背景值。土壤中Mn平均含量较高的地区为战海乡、馒头营乡、二台镇和小二镇;土壤中B平均含量较高的地区为战海乡、二台镇、小二台镇和馒头营乡;土壤中Mo平均含量较高的地区为战海乡、馒头营乡、二台镇和小二台镇。土壤中B平均含量较低的地区为台路沟乡、两面井乡。土壤中Mn、B和Mn含量分布特征较为相似,含量高值区主要分布在湖淖及周边低洼地和林地区,如馒头营乡的淖沿子、二圪愣及大梁庄等地、二台镇的波罗素—美义城一带、战海乡南端的林地区、小二台镇的德胜村周边(图7-9～图7-14)。

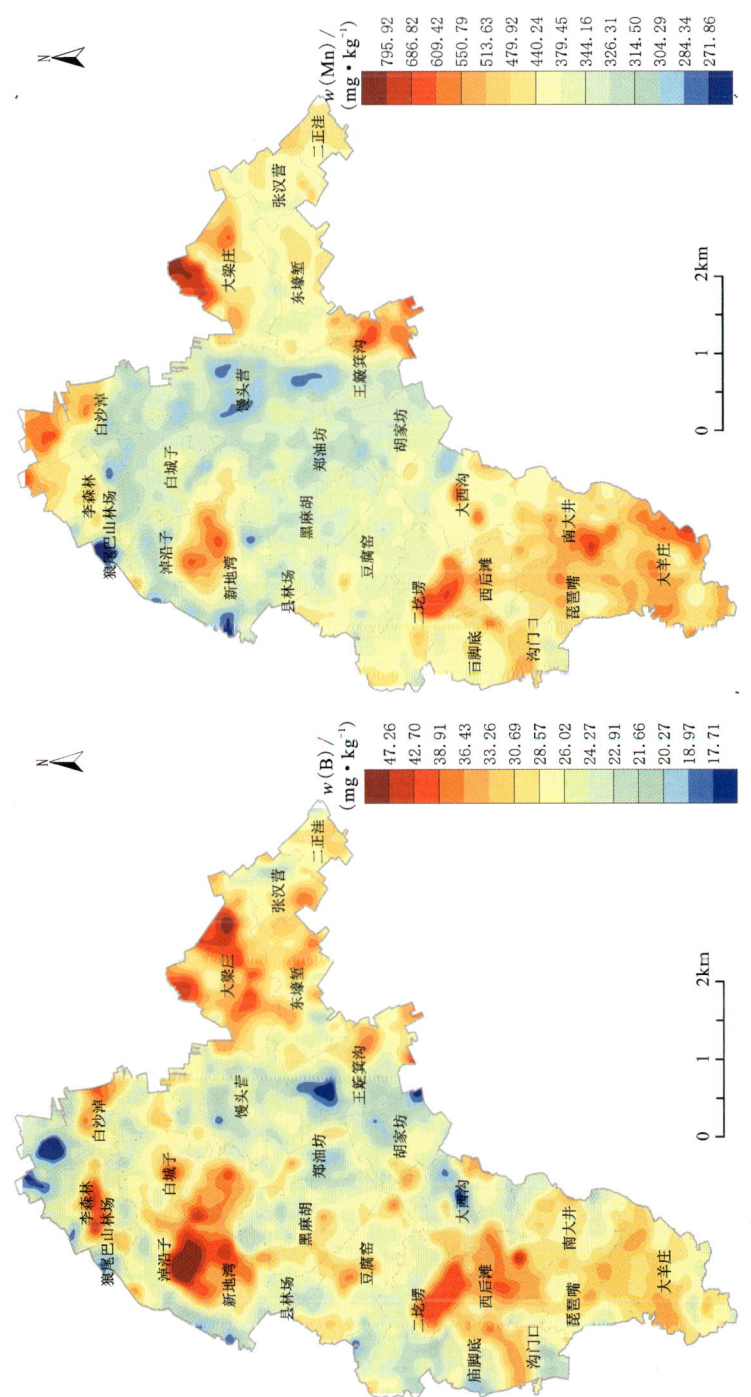

图7-9 馒头营乡土壤 B、Mn 元素分布图

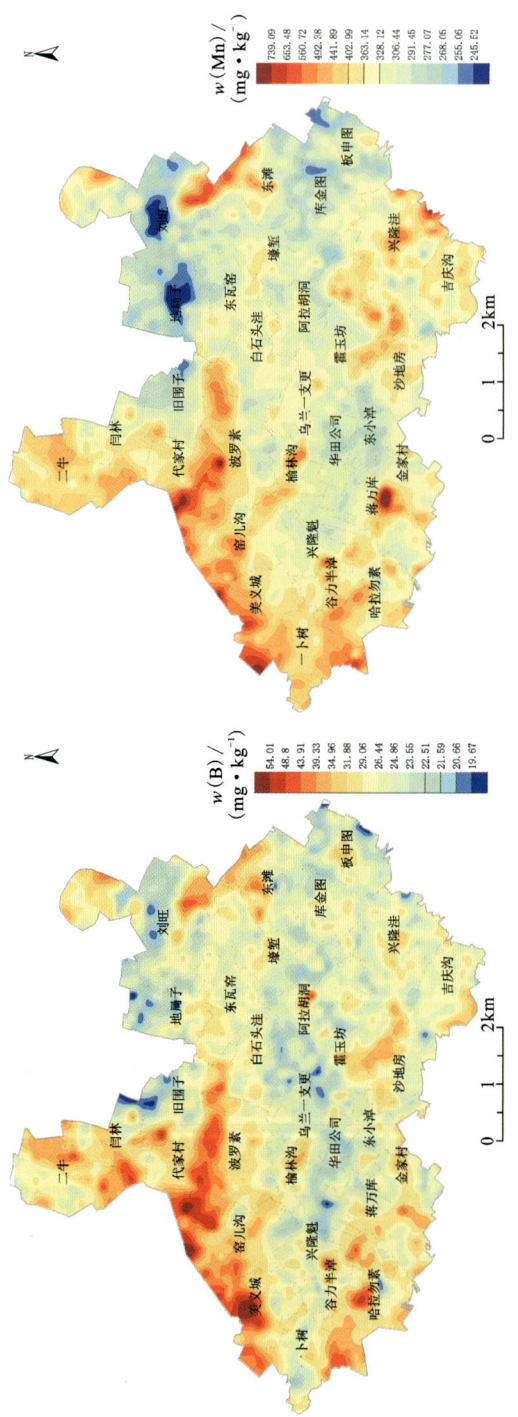

图 7-10 二台镇土壤 B、Mn 元素分布图

第七章 典型生态旅游与绿色食品供应区土地生态保护修复评价

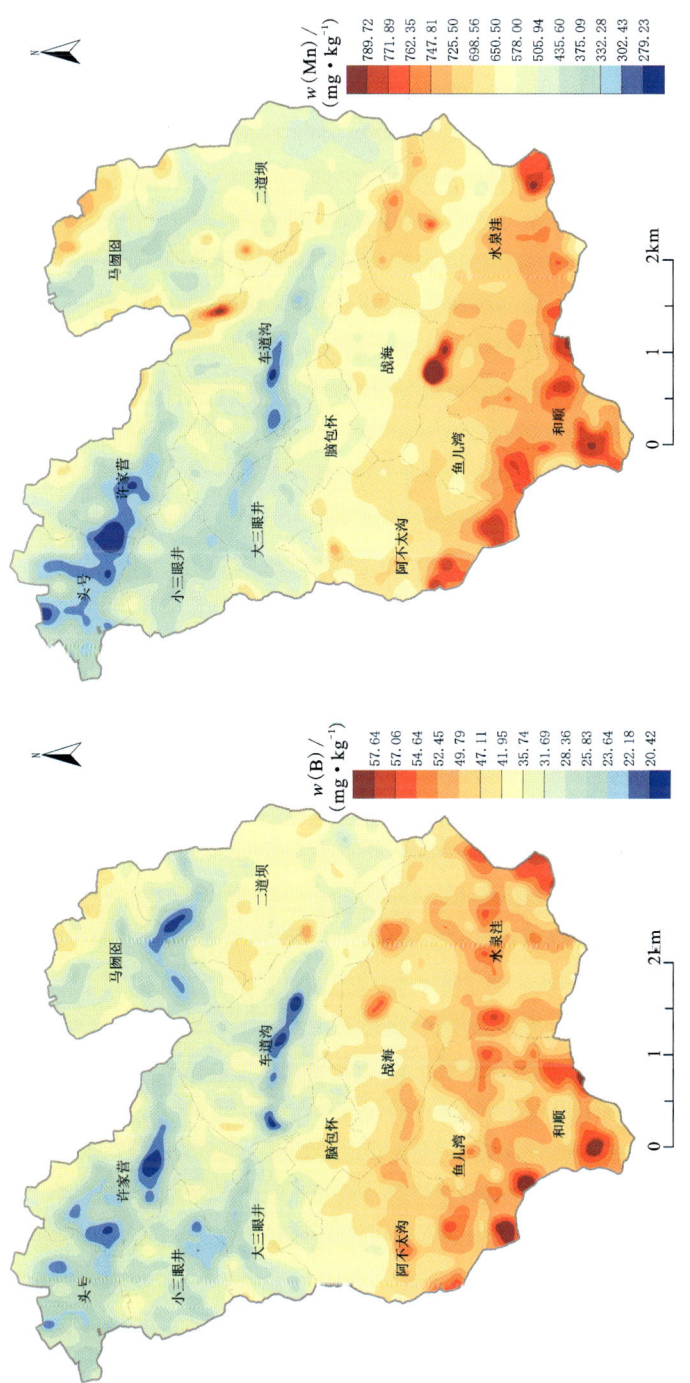

图 7-11 战海乡土壤 B、Mn 元素分布图

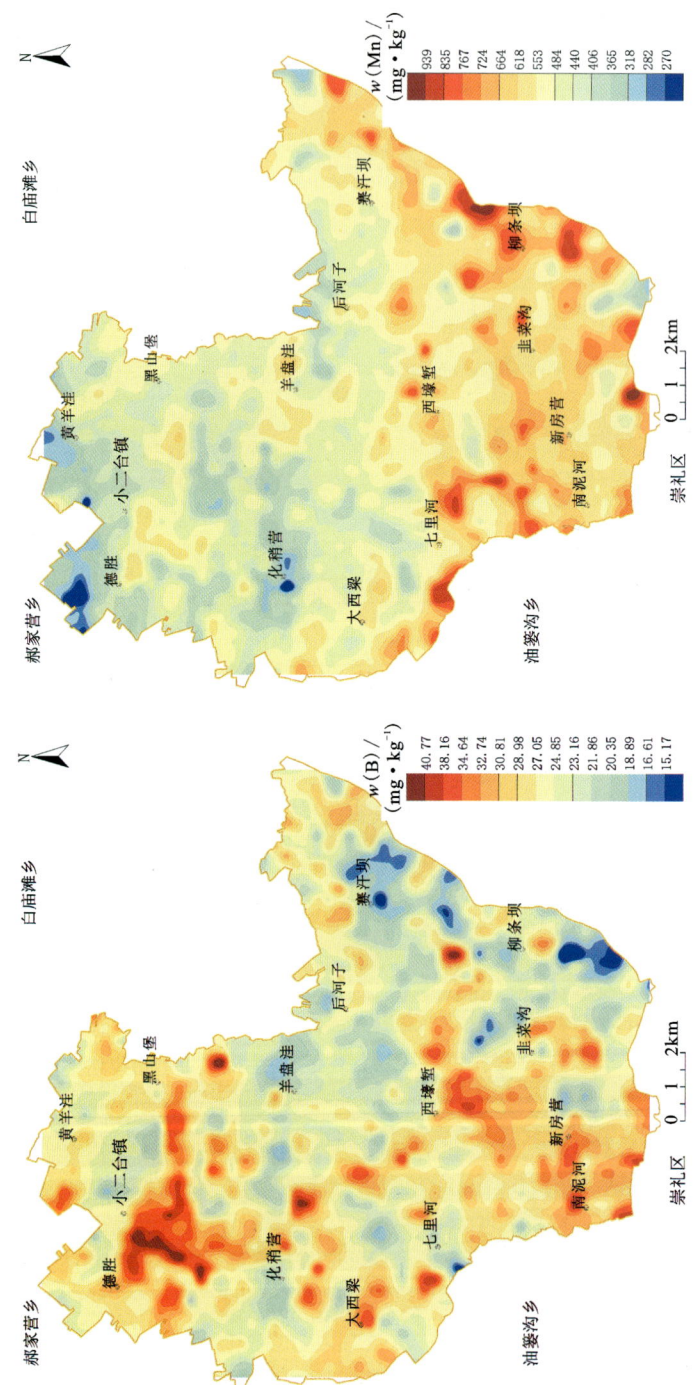

图 7-12 小二台镇土壤 B、Mn 元素分布图

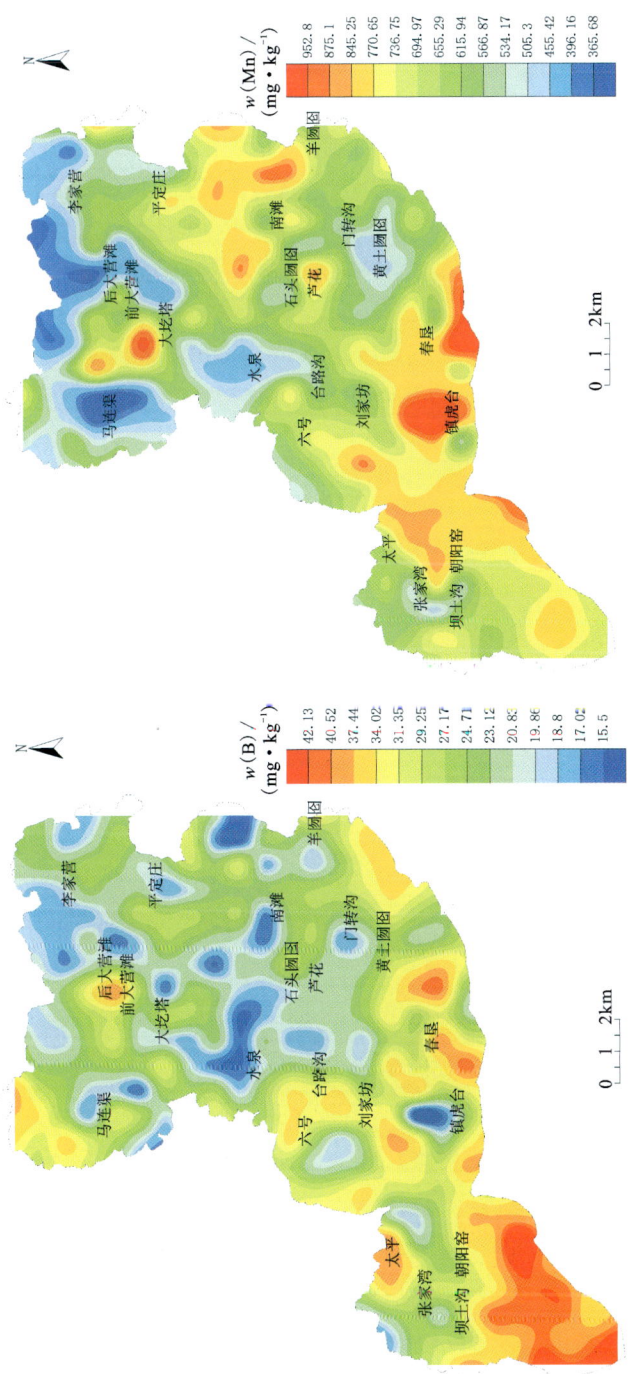

图 7-13 台路沟乡土壤 B、Mn 元素分布图

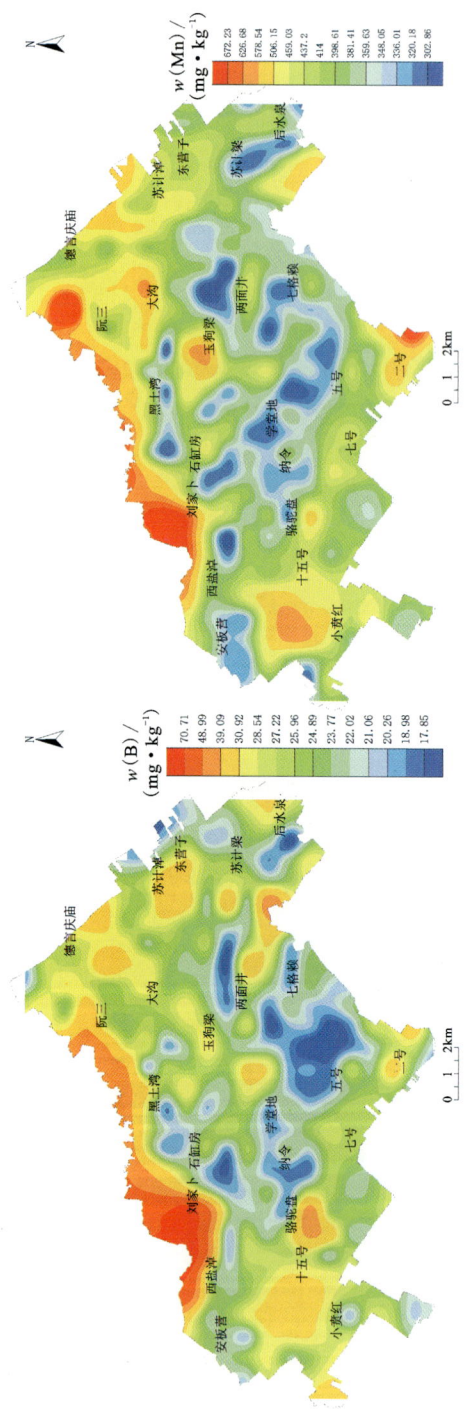

图7-14 两面井乡土壤B、Mn地球化学图

2. V、Co

战海乡、台路沟乡两个片区土壤中 V、Co 平均含量高于坝上地区土壤背景值，其他片区土壤 V、Co 平均含量低于坝上地区土壤背景值。V、Co 两种元素空间分布相似，高值区主要分布在湖淖及周边低洼区域、林地区。

3. 硒

土壤中 Se 平均含量与坝上地区土壤背景值相当，战海乡土壤 Se 平均含量略高于土壤背景值。土壤 Se 元素含量高值区主要沿水系展布，分布在水系两侧与周边的低洼地带，如馒头营乡的淖沿子、二圪垴、大梁庄、二台镇的波罗素一带、小二台镇的德胜村及周边区域。其中，馒头营乡、二台镇和小二台镇土壤 Se 异常较为明显，异常幅值及面积较大（图 7-15～图 7-17）。

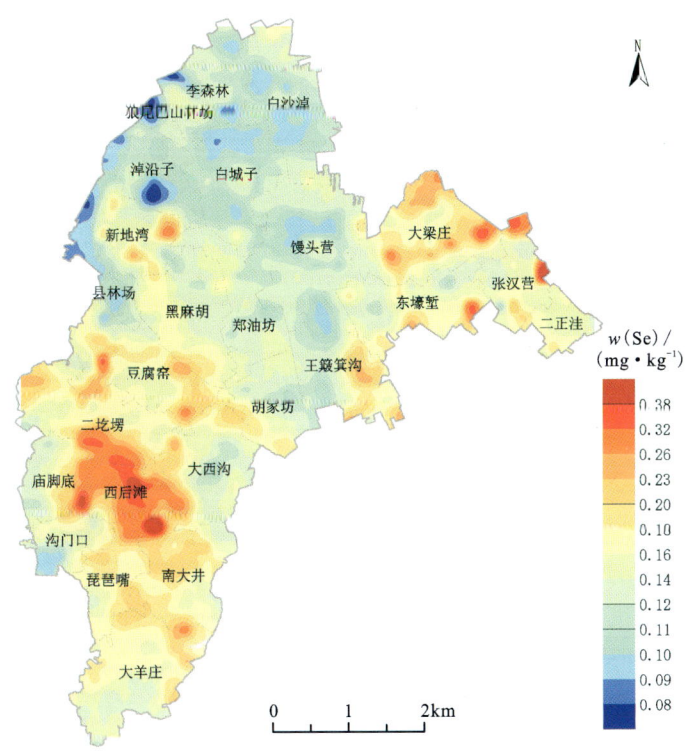

图 7-15 馒头营乡土壤 Se 元素地球化学图

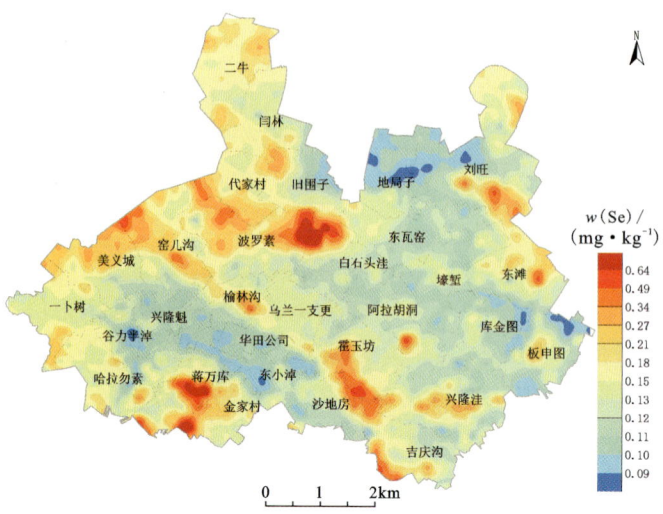

图 7-16　二台镇土壤 Se 地球化学图

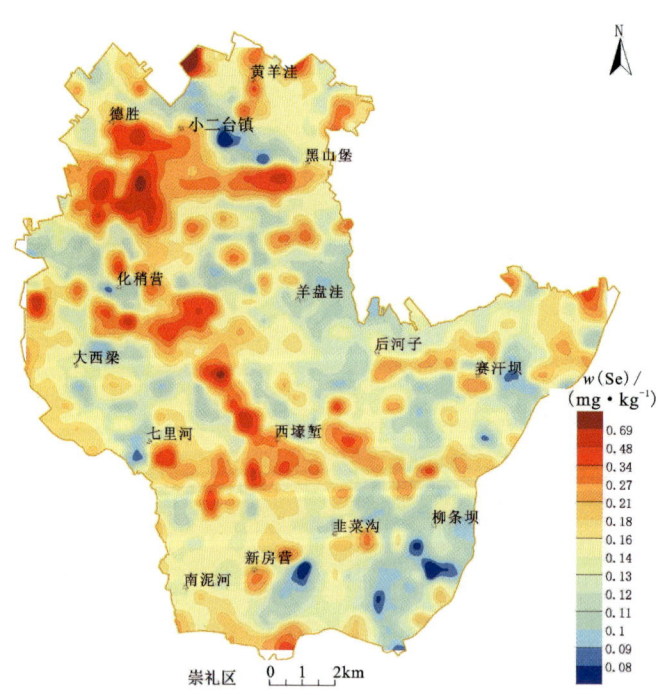

图 7-17　小二台镇土壤 Se 地球化学图

（三）土壤砷、镉、汞铅等有害元素分布

各片区土壤重金属元素的平均含量与坝上地区土壤重金属背景值相当，各元素空间分布特征相似，元素高值区多分布在湖淖及周边的低洼地带。

以《土壤环境质量　农用地土壤污染风险管控标准（试行）》(GB 15618—2018)规定的农用地土壤中镉、汞、砷、铅、铬、铜、镍和锌元素的污染风险筛选值和污染风险管控值作为分级评价标准，各片区土壤中重金属元素平均含量均小于风险筛值，说明土壤重金属含量整体较低，土壤环境质量良好。

二、土壤质量地球化学评价

1. 土壤养分质量状况

根据全国第二次土壤普查养分分级标准，对土壤 N、P、K 与有机质的养分进行了地球化学分等评价。土壤中全氮养分最为丰富的地区为战海，丰富—较丰富面积占比高达 76.82%，中等面积占比为 11.29%；其次为二台镇和馒头营，丰富—较丰富面积占比分别为 12.60% 和 10.92%，中等面积占比分别为 23.32% 和 35.35%。二台镇的土壤全氮养分相对缺乏，较缺乏—缺乏面积占比比例为 64.08%；其次为馒头营，较缺乏—缺乏面积占比为 53.73%。土壤中全磷养分最为丰富的地区为战海，丰富—较丰富面积占比高达 53.99%，中等面积占比为 31.55%；二台镇和馒头营地区全磷养分都比较缺乏，较缺乏—缺乏面积占比分别为 63.42% 和 42.67%。

台路沟乡土壤中 N、K 含量以适中—较丰富—丰富为主，面积占比分别为 88.5%、98.5%；P 含量以较缺乏—缺乏为主，面积占比为 64.4%。两面井乡土壤中 N、P 含量以较缺乏—缺乏为主，面积占比分别为 72.6%、97.3%；K 含量以较丰富—丰富为主，面积占比为 93.3%。

由土壤养分综合评价结果可知，馒头营乡、小二台镇和台路沟乡 3 个片区土壤养分以中等为主，二台镇和两面井乡土壤养分以较缺乏为主，特别是两面井乡，养分较缺乏等级面积占比超过 80%；战海乡养分综合等级以较丰富为主，较丰富面积占比高达 72.42%（图 7-18～图 7-23）。

2. 土壤环境质量状况

参照《土壤环境质量　农用地土壤污染风险管控标准》(试行)(GB 15618—2018)，选取农用地重金属污染风险筛选值为参考值，对土壤 As、Cd、Cr 等重金

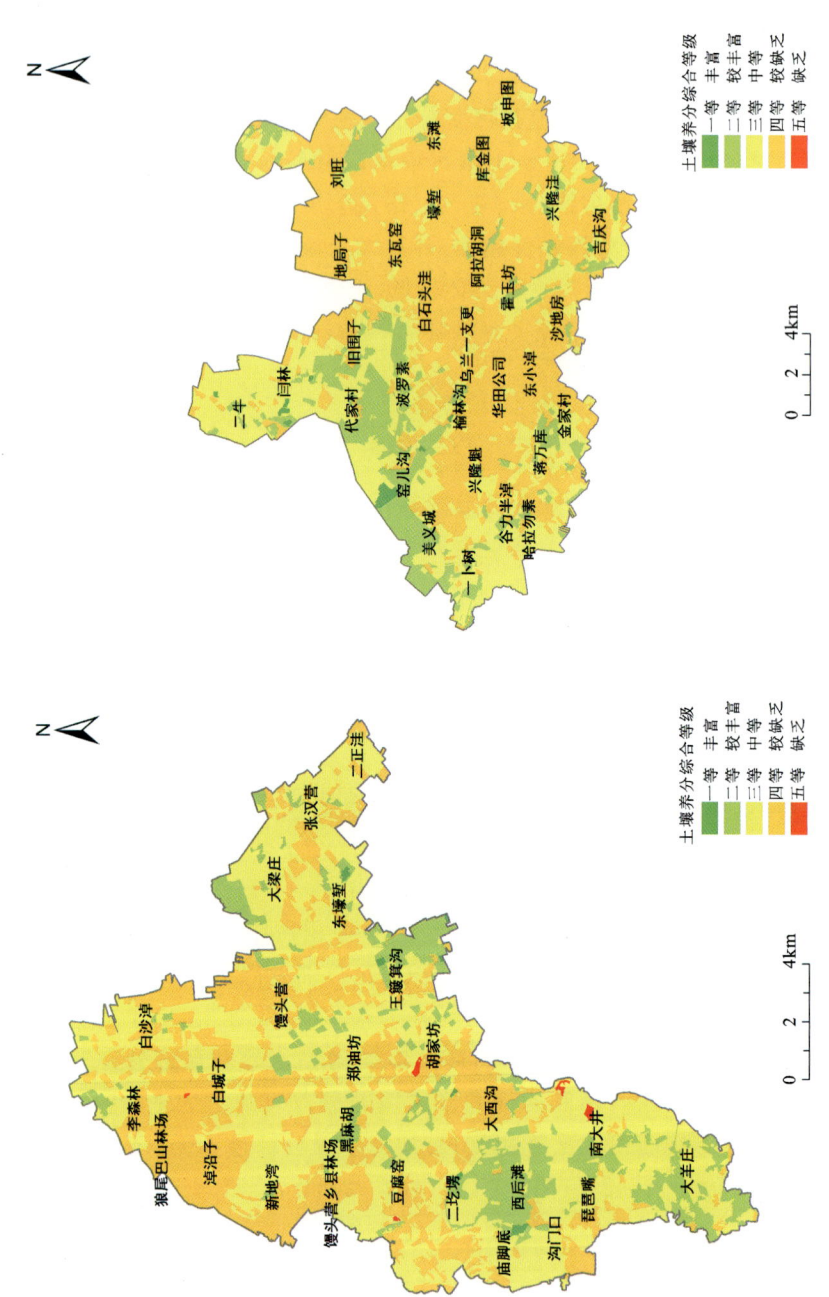

图7-18 馒头营乡土壤养分综合等级图

图7-19 二台镇土壤养分综合等级图

第七章 典型生态旅游与绿色食品供应区土地生态保护修复评价

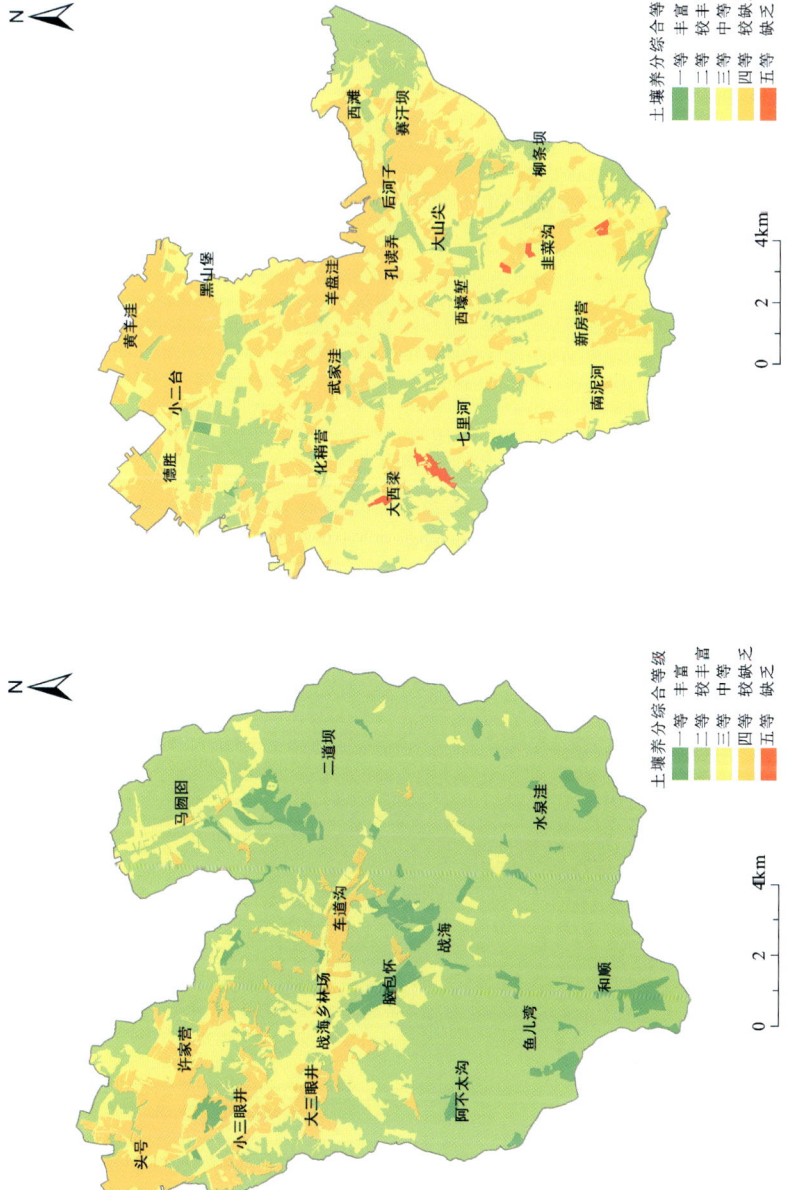

图7-21 小二台镇土壤养分综合等级图

图7-20 战海乡土壤养分综合等级图

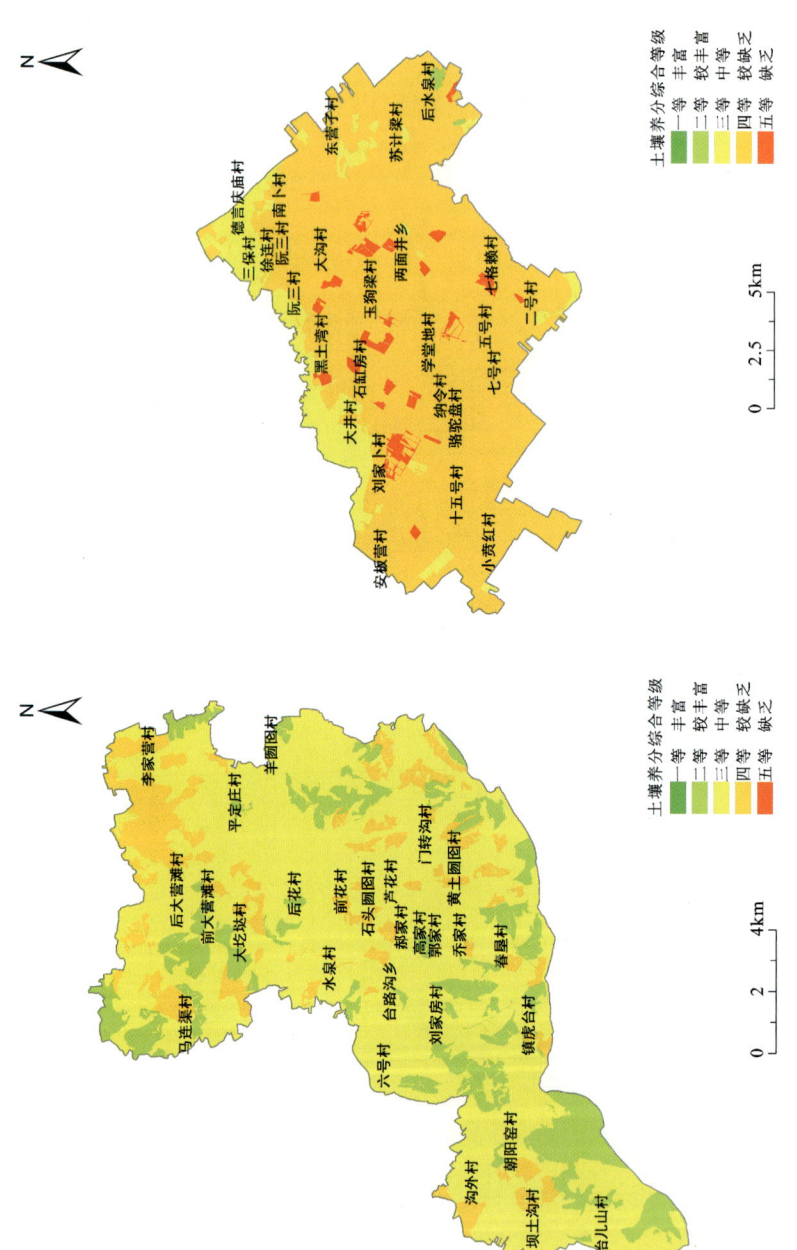

图 7-23 两面井乡土壤养分综合等级图

图 7-22 台路沟乡土壤养分综合等级图

属进行单指标土壤环境质量地球化学等级划分。

评价结果显示,土壤重金属环境质量等级整体清洁,仅小二台镇和台路沟乡存在零星的重金属镍轻微超标(风险可控)地块。其中,小二台镇轻微超标面积约 $0.28km^2$,台路沟乡轻微超标面积为 $1.78km^2$。

3. 富硒土壤评价

以土壤 pH 值大于 7.5、Se 含量超 0.3mg/kg 为富硒土壤划定依据,馒头营乡、二台镇、战海乡、台路沟乡、两面井乡、小二台镇和郝家营乡—白庙滩一带富硒土壤面积共计约 $51.60km^2$,其中耕园地 $11.41km^2$,牧草地 $32.61km^2$,其他土地 $7.58km^2$。在以上片区中,二台镇、小二台镇和馒头营乡富硒土壤面积相对较大,分别为 $21.90km^2$、$15.23km^2$ 和 $6.71km^2$(表 7-5,图 7-24~图 7-26)。

表 7-5 富硒土壤资源统计表　　　　　　　　　　　　　　　单位:km^2

面积	二台	馒头营	战海	两面井	台路沟	小二台	郝家营—白庙滩一带	合计
统计土壤面积	321.47	195.31	176.89	199.83	172.35	190.46	63.46	1 319.77
耕园地富硒土壤面积	2.13	0.95	0.00	0.30	0.42	6.68	0.93	11.42
牧草地富硒土壤面积	18.33	1.26	1.18	1.14	0.26	7.17	3.27	32.61
其他富硒土壤面积	1.44	4.50	0.00	0.24	0.00	1.38	0.02	7.58
总富硒土壤面积	21.90	6.71	1.18	1.68	0.68	15.23	4.22	51.61

以 Se 含量大于 0.01mg/kg 和 0.04mg/kg 分别作为富硒蔬菜和富硒粮油标准,142 件蔬菜样品中有 11 件达到了富硒标准,其中 7 件为西兰花,说明西兰花对 Se 的吸收能力强于其他蔬菜。同时发现胡麻、莜麦和藜麦达到标准的比例较高,分别为 84.38%、34.38% 和 62.50%(表 7-6)。此外,富硒牧草区 30 件牧草样品数据显示,Se 含量为 0.07~1.24mg/kg,平均含量为 0.39mg/kg,参照青海省富硒牧草的标准(>0.05mg/kg),样品均达到富硒水平。

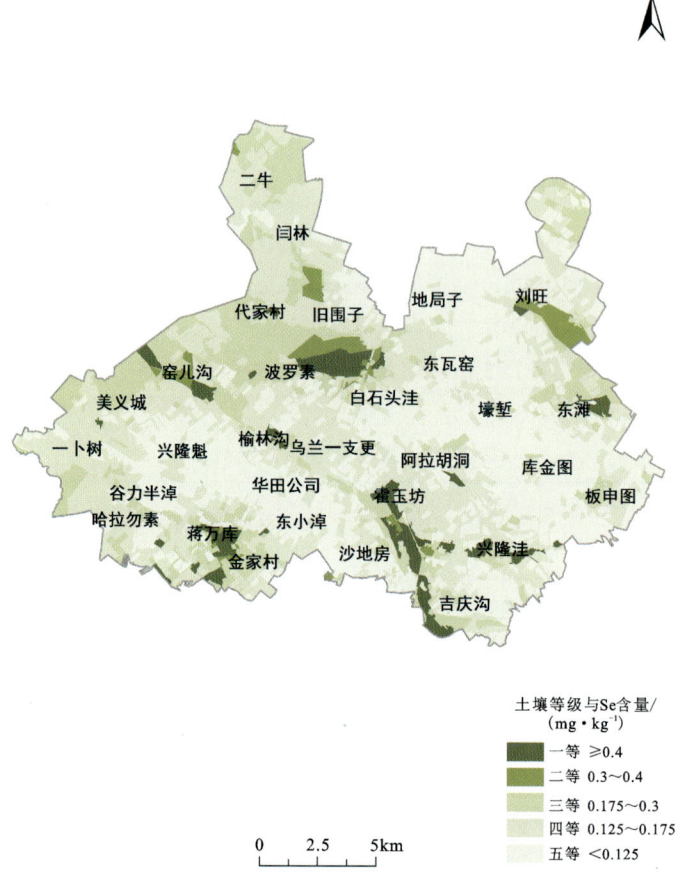

图 7-24 二台镇土壤 Se 分布图

表 7-6 张北地区农作物样品富硒情况统计表

参数	莜麦	胡麻	藜麦
样品数量/件	128	32	8
硒含量范围/(mg·kg^{-1})	0.004~0.44	0.02~0.20	0.02~0.05
平均硒含量/(mg·kg^{-1})	0.07	0.07	0.04
达到富硒标准样品数/件	44	27	5
富硒率/%	34.38	84.38	62.50

第七章 典型生态旅游与绿色食品供应区土地生态保护修复评价

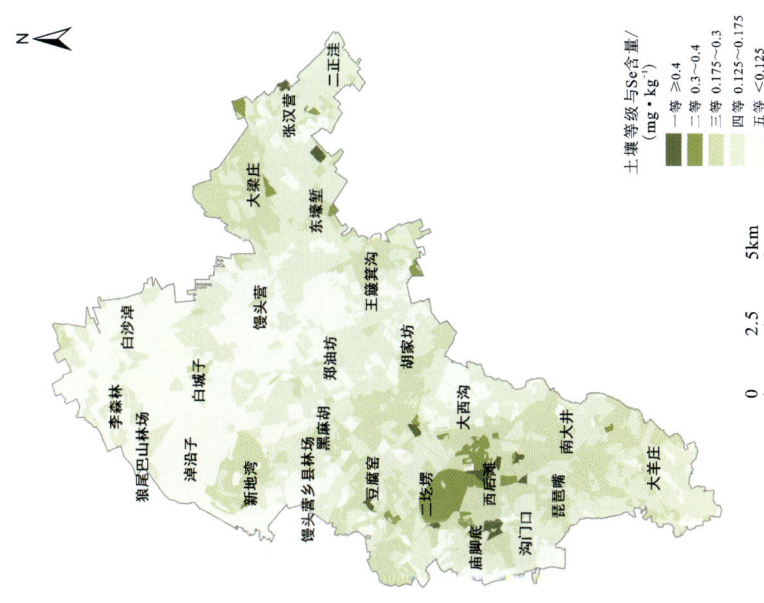

图 7-26 馒头营乡土壤 Se 元素分布图

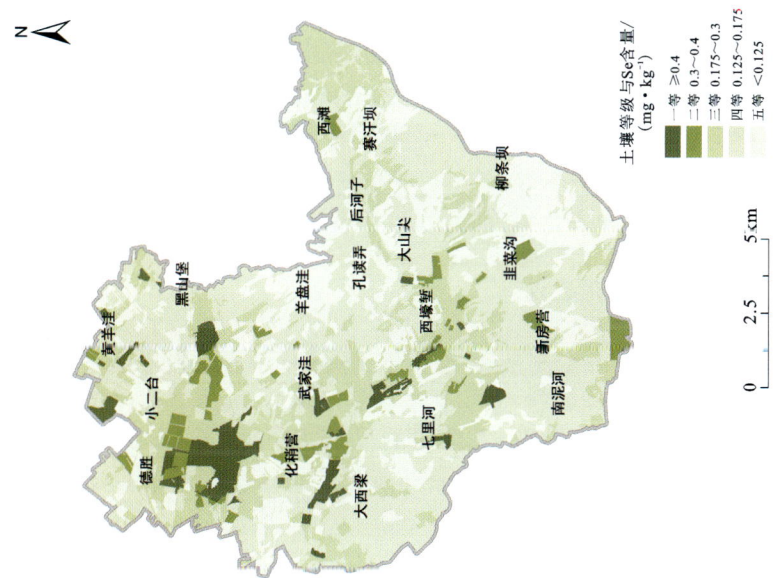

图 7-25 小二台镇土壤 Se 元素分布图

4. 农产品安全性评价

在馒头营乡、二台镇、战海乡、台路沟乡、两面井乡和小二台镇共采集了农作物 360 件,其中,白菜 37 件、圆白菜 30 件、西兰花 36 件、菜花 31 件、娃娃菜 8 件、土豆 42 件、莜麦 128 件、胡麻 32 件、荞麦 8 件、藜麦 8 件,分析了这些农作物可食用部分中重金属元素含量,参照《绿色食品》《食品安全国家标准 食品中污染物限量》(GB 2762—2022)对农作物安全性进行评价。结果显示,所取农产品样品均安全,重金属含量符合相关绿色标准要求(表 7-7)。

三、土壤资源合理开发利用的地学建议

1. 土壤平衡施肥建议

以二台镇为例,该区土壤养分综合等级以较缺乏为主,但氮、磷及钾有效态的养分元素相对较为丰富,53%以上的耕地不缺乏营养元素,缺素区以缺钾为主,占总面积的 42.79%,主要分布在二台镇的东南部,其中 13.60% 的耕地同时缺乏 N、P、K 三种元素,分布较为分散。在进行配方施肥时,应注重钾肥的施用,部分地区应同时增加氮、磷肥的施用,具体根据土壤 N、P、K 单元素指标及养分综合等级评价图进行合理配置施肥(图 7-27)。

其他片区中,战海乡土壤 N、P、K 及有机质营养元素相对丰富;馒头营乡土壤 N、P 营养元素相对缺乏,K 元素相对充足;台路沟乡土壤 N、K 相对丰富,P 元素相对缺乏;两面井乡土壤 K 元素相对丰富,N、P 元素相对缺乏。建议在农业种植过程中以 N、P、K 有效态作为依据,对不同类型的缺素区,合理、适量施用肥料,从而保证粮食产量,同时又不造成化肥的浪费。

2. 富硒土壤开发利用建议

在 7 个片区中,二台镇、馒头营乡和小二台镇富硒土地面积最大。馒头营乡富硒土地位于二圪塄—西后滩一带,在土壤硒高值区域,土壤盐碱化相对也较明显,因此,在此暂不作规划建议。在圈定的集中连片的富硒土壤分布区,结合当前富硒地块土地利用现状,编制了二台镇和小二台镇富硒土壤连片开发利用建议图(图 7-28、图 7-29)。

第七章 典型生态旅游与绿色食品供应区土地生态保护修复评价

表7-7 张北地区农作物样品重金属含量及限量统计表

单位:mg/kg

作物	指标	Cu	Zn	Ni	As	Cd	Hg	Pb	Cr
白菜	绿色标准	—	—	—	0.5[b]	0.2[a]	0.01[b]	0.3[a]	0.5[b]
白菜	最小值	0.069	0.48	0.003 6	0.000 9	0.002 4	0.000 01	0.000 47	0.001 6
白菜	最大值	0.25	2.05	0.053	0.008 3	0.011	0.000 12	0.006 65	0.007 1
白菜	平均值	0.128	0.98	0.015 7	0.002 3	0.005 8	0.000 04	0.001 63	0.003 7
圆白菜	绿色标准	—	—	—	0.5[b]	0.2[a]	0.01[b]	0.3[a]	0.5[b]
圆白菜	最小值	0.066	0.38	0.007 9	0.000 6	0.000 8	0.000 01	0.000 33	0.001 7
圆白菜	最大值	0.555	1.06	0.056 5	0.004 7	0.004 9	0.000 17	0.002 4	0.012 0
圆白菜	平均值	0.099	0.68	0.021 9	0.001 7	0.001 9	0.000 06	0.001 17	0.003 4
西兰花	绿色标准	—	—	—	0.5[b]	0.2[a]	0.01[b]	0.3[a]	0.5[b]
西兰花	最小值	0.195	1.3	0.028 5	0.000 9	0.001 4	0.000 05	0.001 30	0.003 2
西兰花	最大值	0.535	4.46	0.130 0	0.014 0	0.012 0	0.000 23	0.009 95	0.019 5
西兰花	平均值	0.329	2.74	0.056 8	0.003 7	0.004 6	0.000 14	0.003 95	0.007 6
菜花	绿色标准	—	—	—	0.5[b]	0.2[a]	0.01[b]	0.3[a]	0.5[b]
菜花	最小值	0.16	1.01	0.017	0.001 1	0.000 6	0.000 04	0.000 67	0.002 2
菜花	最大值	0.31	2.58	0.092	0.022 0	0.005 1	0.000 12	0.011 0	0.019 0
菜花	平均值	0.215	1.65	0.035	0.003 5	0.002 3	0.000 09	0.002 69	0.005 4
娃娃菜	绿色标准	—	—	—	0.5[b]	0.2[a]	0.01[b]	0.3[a]	0.5[b]
娃娃菜	最小值	0.077	0.6	0.005 8	0.002 2	0.003 4	0.000 02	0.000 89	0.002
娃娃菜	最大值	0.155	1.35	0.021	0.006 1	0.013	0.000 1	0.013 5	0.009 2
娃娃菜	平均值	0.114	0.84	0.014 1	0.003 9	0.005 9	0.000 05	0.004 36	0.004 4

续表 7-7

作物	指标	Cu	Zn	Ni	As	Cd	Hg	Pb	Cr
土豆	绿色标准	—	—	—	0.5[b]	0.1[a]	0.01[b]	0.2[a]	0.5[b]
土豆	最小值	0.165	0.63	0.014 5	0.000 6	0.001 7	0.000 06	0.001 2	0.003 7
土豆	最大值	1.06	2.43	0.2	0.003 3	0.028 5	0.000 18	0.006 75	0.086 5
土豆	平均值	0.575	1.4	0.042 4	0.001 9	0.009 6	0.000 12	0.002 58	0.009 1
莜麦	绿色标准	—	—	—	0.2[a]	0.1[a]	0.02[a]	0.2[a]	1.0[a]
莜麦	最小值	1.825	15.6	1.005	0.004 1	0.002 7	0.000 53	0.001 55	0.007 8
莜麦	最大值	5.16	29.85	2.97	0.046	0.022	0.001 5	0.028	1
莜麦	平均值	3.506	22.01	1.836 5	0.016	0.008 8	0.000 85	0.010 63	0.119 2
胡麻	绿色标准	—	—	—	0.2[a]	0.1[a]	0.02[a]	0.2[a]	1.0[b]
胡麻	最小值	6.22	27.55	0.39	0.009 6	0.046 5	0.000 56	0.007	0.009
胡麻	最大值	14.5	47.75	1.19	0.083 5	0.14	0.001 1	0.059 5	0.11
胡麻	平均值	12.08	37.44	0.627 8	0.023	0.093	0.000 79	0.017 85	0.028 2
藜麦	绿色标准	—	—	—	0.2[a]	0.1[a]	0.02[a]	0.2[a]	1.0[a]
藜麦	最小值	3.535	17.3	0.32	0.003 2	0.014	0.000 59	0.007 55	0.012
藜麦	最大值	5.115	27.65	0.495	0.12	0.054	0.002 25	0.15	0.125
藜麦	平均值	4.156	20.65	0.408 1	0.019 7	0.026 9	0.000 91	0.032 26	0.029 9

注：a 为绿色食品系列标准；b 为《食品安全国家标准 食品中污染物限量》(GB 2762—2022)。

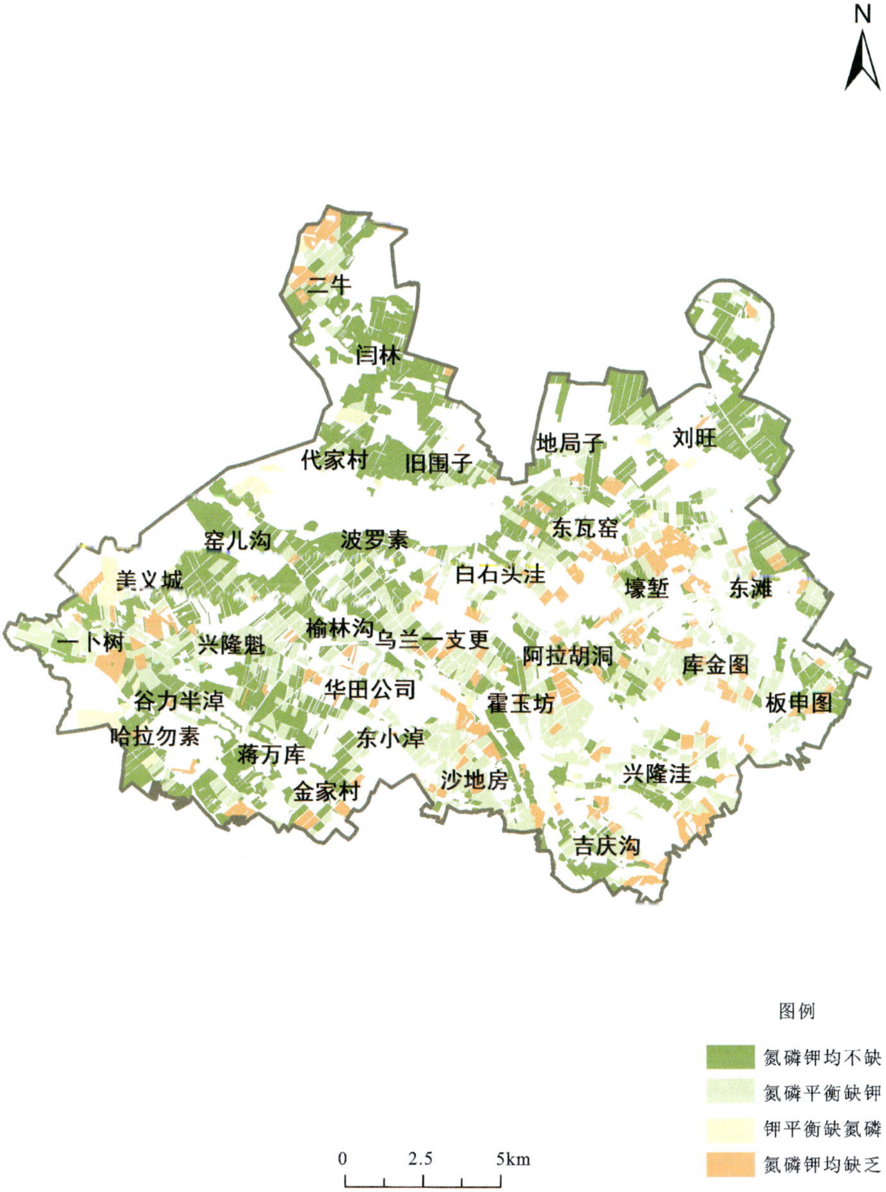

第七章 典型生态旅游与绿色食品供应区土地生态保护修复评价

图 7-27 二台镇土壤 N、P、K 元素缺乏类型分布图

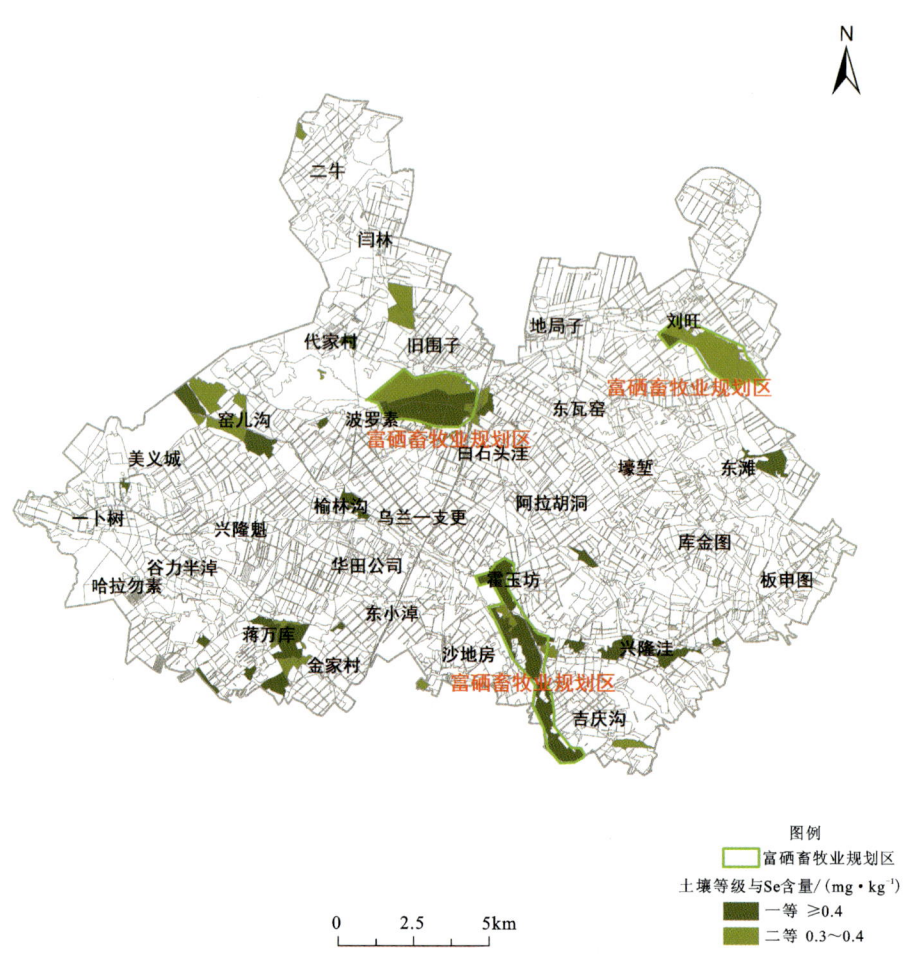

图 7-28 二台镇富硒土壤连片开发利用建议图

第七章 典型生态旅游与绿色食品供应区土地生态保护修复评价

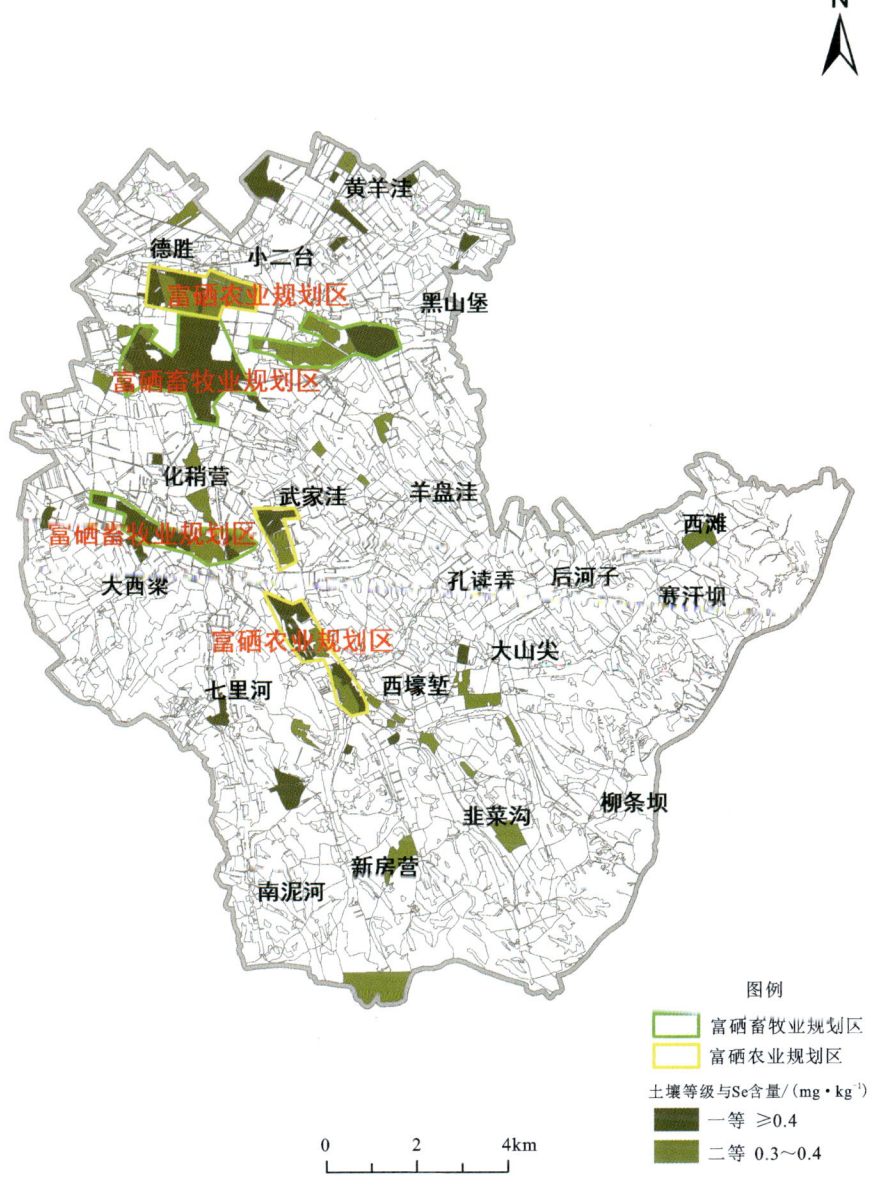

图 7-29 小二台镇富硒土壤连片开发利用建议图

第八章 主要结论

结合已有资料和实地调查数据分析结果,对京津冀重要涵养区(张家口地区)生态地质环境进行研究,得出以下几点结论。

一、区域主要生态资源与生态环境问题

截至 2018 年底,研究区林地资源较为丰富,面积约 18 100 km²,占比 49.18%,集中连片分布区主要位于坝下地区的赤城县、崇礼区、万全区、怀安县、涿鹿县和蔚县等地区,其中崇礼区、蔚县、涿鹿县、怀来县林地分布面积较大。草地面积相对较小,分布面积约 2400 km²,主要分布在研究区的北部、东部和西南部,包括坝上地区的康保县、沽源县、张北县、尚义县,坝下地区的赤城县、阳原县和蔚县南部。湿地面积相对较小,面积约 2200 km²,占比 5.98%,主要分布在研究区的东部、西部和中南部的洋河、桑干河、永定河等河流周边及张北县—康保县一带的安固里淖、黄盖淖水库等地区。从区域上看,坝下涿鹿县、怀来县和阳原县和坝上县 4 县湿地相对较少。

区域生态环境地质问题主要包括土地沙化、矿山地貌景观破坏(矿业占地)、地质灾害(隐患)和湖淖萎缩等。截至 2018 年底,研究区土地沙化面积约 8 899.12 km²,面积占比 24.1%,主要分布在坝上的康保县、沽源县、张北县和尚义县等部分地区,轻度、中度、重度和极重度沙化土地面积占比分别为 88.1%、11.07%、0.81% 和 0.02%,重度和极重度沙化土地主要分布在康保县和沽源县。矿山地貌景观破坏主要为矿业活动占地,面积占比 1.06%,采场、选矿场、废石堆和尾矿库面积占比分别为 50.03%、18.80%、17.80% 和 4.30%。地质灾害(隐患)共 638 处,主要分布在崇礼区、赤城县和沽源县,崩塌(隐患)、滑坡(隐患)和泥石流(隐患)分别为 189 处、47 处和 402 处。相比 2003 年,2018 年地质灾害(隐患)共增加 69 处,其中崩塌(隐患)增加 66 处,滑坡(隐患)减少 7 处,泥石流(隐患)增加 10 处。湖淖面积约 125.26 km²,主要分布在张北县、康保县、尚义县和沽源县。因矿业活动引起的地形地貌景观破坏面积增加约 321.98 km²,增加最为明显的为采场,土地沙化面积和湖淖面积均有所减少。

二、浅层孔隙地下水水位埋深与化学质量

坝上高原丘陵区孔隙含水层岩性主要为砂砾石、粗砂和粉细砂,接受大气降水和地表水入渗补给。地下水总体由丘陵区流向高原中心地带,侧向补给孔隙地下水,地势相对低洼的湖淖形成地下水天然排泄区。地下水排泄以蒸发和人工开采为主。2021年7月,坝上高原地区浅层地下水水位介于1 038.8~1 571.76m,埋深一般为3~12m,最深可达47.49m。地下水水位较高区域主要分布于康保县北部和张北县、沽源县东南部。2021年7月地下水流场特征与2019年同期相比总体一致,较2020年6月,地下水水位总体呈回升趋势,康保县西南部、尚义县北部区域地下水水位上升较为明显,局部上升幅度可达5m;康保县照阳河镇北部等部分区域地下水水位呈现下降状态。

坝下盆缘山地、河间山地以及盆中山前倾斜平原上部无良好隔水层分布,砂砾石裸露地表,降水和地表径流入渗侧向补给倾斜平原中部—前缘以及河流冲积平原,地下水以明泉、暗流方式在各大河流及其两岸冲洪积交汇部位形成天然排泄区。平原区工农业生产较发达,人工开采成为主要的地下水排泄方式。2020年6月,坝下张宣、蔚阳和涿怀盆地浅层地下水水位分别为557.08~1 323.91m、813.96~1 273.37m、444.75~1 159.51m。同比2019年6月,宣化、桥东和桥西大部分区域水位回升明显,蔚阳盆地和涿怀盆地部分区域水位下降明显。

区域浅层孔隙地下水化学类型主要为HCO_3型和$HCO_3 \cdot SO_4(Cl)$型,局部地区为SO_4型、$SO_4 \cdot Cl$型、$Cl \cdot HCO_3$型、$HCO_3 \cdot NO_3$型或NO_3型。其中,HCO_3型水广泛分布于坝上高原南北两侧的丘陵区和坝下盆缘山地、河间山地及山前倾斜平原上部,$HCO_3 \cdot SO_4(Cl)$型水大多数分布于坝上高原缓坡丘陵区和坝下张宣盆地、蔚阳盆地的山前倾斜平原中部—前缘或者河流冲积平原。值得注意的是,坝上高原局部地区受人类活动排污影响出现了$HCO_3 \cdot NO_3$型或NO_3型水。

受地质成因影响,坝上高原浅层地下水质量相对较差,55.55%的样点为Ⅳ类水和Ⅴ类水,主要为氟化物、总硬度和溶解性总固体等超标;坝下地区浅层地下水质量较好,仅28.57%的样点为Ⅳ类水和Ⅴ类水,主要分布在张宣盆地和蔚阳盆地,主要为氟化物、总硬度和溶解性总固体等超标。

三、典型农牧交错带区(康保地区)土地沙化变化、影响因素及防治建议

1. 基于康保地区土地沙化影响因素研究,总结了土地沙化地学形成机理

2021年,康保地区约95.4%土地出现不同程度的沙化,极重度、重度、中度和轻度沙化面积分别为43.11km^2、200.21km^2、1 196.70km^{2}和1 771.99km^2,其中极重度和重度沙化主要分布于康保北部、东部和西南部。较2016年,受生态植树种草和禁牧等影响,小英图—李家地、土城子、道尹地等区域极重度和重度沙化程度均明显减弱,极重度、重度沙化土地面积分别减少35.79km^{2}和326.31km^2。

康保地区土地沙化受气候条件、地质因素和人类活动的影响。区域上,地形地貌、浅部地层沉积结构、地质建造、浅层地下水水位、表层土壤含砂量、表层土壤养分等地质要素对土地沙化分布格局控制作用明显。低山丘陵、缓坡丘陵、沟谷洼地、侵蚀平原和洪风积平原等不同地貌单元,土地沙化分布的主要地质影响因素有所差异。其中,影响低山丘陵区沙化分布的主要地质因素是地质建造、浅层地下水水位、表层土壤含砂量;影响北部沟谷洼区沙化分布的主要地质因素是浅部地层沉积结构、表层土壤含砂量和浅层地下水水位,而东部沟谷洼区主要受浅部地层沉积结构影响;影响缓坡丘陵区沙化的主要地质因素是花岗岩、石英岩-石英片岩-大理岩建造与二长浅粒岩、变粒岩地质建造分布,其矿物成分主要为石英、长石,SiO$_2$含量高,易风化为土地沙化的砂质物源;影响侵蚀平原区沙化的主要地质因素是表层土壤含砂量;影响洪风积平原区沙化的主要地质因素为浅部地层沉积结构。

研究土地沙化的地学机理首先要掌握其物质来源,康保中北部地区丘陵地带普遍发育二叠纪花岗岩类侵入体,地球化学元素为一套富硅、富碱,贫铁、镁、钙的偏酸性组合,SiO$_2$平均含量为71.9%,Al$_2$O$_3$平均含量为10.3%。主要沙化区表层土壤和二叠纪花岗岩样品Sr、Ba、Ce、Y等微量元素与SiO$_2$、Al$_2$O$_3$等主要氧化物相关性分析表明,表层沉积物主要来源于二叠纪花岗岩类侵入体的风化或水蚀搬运。其他地区基岩建造亦多分布石英砂岩、花岗岩等,SiO$_2$含量高,易风化形成大量砂粒,为土地沙化提供物质基础。地层沉积环境与沉积结构(地质建造)是土地沙化的控制性因素。平面上,表层土(Qh^{fl+apl})与含粉质黏土细砂层(Qp$_3$m)厚度与中粗砂层(Qp$_3$q)的分布直接影响土地沙化程度,含粉质

第八章　主要结论

黏土细砂层(Qp_3m)厚度较小地区一般土地轻度沙化,多数中粗砂层(Qp_3q)裸露区土地中度和重度沙化。垂向上,浅部地层可概化为风化基岩型、砂型、粉土+砂性土型、粉土+砂+粉质黏土型、粉土+粉质黏土型、粉质黏土型6类岩性组合,即风化基岩型、砂型、粉土+砂性土型地层结构降水入渗快,持水能力差,表层土壤多含砾石,易产生土地沙化;粉土+砂+粉质黏土型地层结构入渗条件、持水能力较好,不易产生土地沙化;粉土+粉质黏土型地层结构主要分布在洼地或湖淖周边,不易产生土地沙化;粉质黏土型地层结构入渗条件一般,但持水能力好,不易产生土地沙化。此外,部分区域分布相对连片的土壤钙积层,一般埋深为30～60cm,厚度为20～170cm,抑制了深根性植被的生长。地下水水位是土地沙化的限制性因素。地下水水位埋深浅、土壤持水能力好的区域利于地表植被生长,地表植被覆盖率高,土地沙化程度轻。反之,地下水水位埋深大,土壤持续能力差的地区,植被生长受限,土地沙化程度较高。

2. 以康保地区为试点,形成了坝上农牧交错带土地沙化调查技术流程

采用"调查—监测—评价—建议"的技术流程开展土地沙化调查。一是调查,包括沉积环境、影响因素(气象因素、地质因素、人类活动)、植被生长环境(土壤营养元素、不同植被对水和营养元素的吸收状况等);二是监测,包括遥感(地表植被盖度、土地利用变化等)、气象(降水、蒸发、风速、气温等)、水土环境(地下水水位、土壤含水率等);三是评价,包括指标(自然因素、人为因素)、模型(层次分析、加权平均等)、评价(土地沙化程度、生态地质环境脆弱性等);四是建议,针对土地沙化防治提出植被种植优化、地下水水位调控等建议。

3. 基于土壤营养元素、化学元素、钙积层及植被生长环境等研究,创新提出了植被、成土母岩、水土环境等多要素耦合的土地沙化防治建议

一是考虑浅部地层结构、钙积层分布、地下水水位埋深等主要因素,提出了农作物、林草、耐旱耐碱植被和柠条、狼针等固沙植被适宜种植分区;二是进一步考虑土壤营养元素、土壤化学成分、植被用水深度和对营养元素的吸收能力等因素,提出了植被种植优化建议。

(1)通过土壤N、P、K营养元素和有机碳含量分析,判定N、P和有机碳含量较高的区域主要分布在李家地、屯垦—闫油坊一带,根据土地利用现状,可保持蔬菜、麦类等种植,其他区域应优化减少经济作物比例,改种固沙植被。

(2)基于土壤颗粒SiO_2、Al_2O_3化学含量分析,判定照阳河北部、康保牧场北部、小英图东北部、满德堂北部等地区土壤 SiO_2 含量高、Al_2O_3 含量低,砂性土多、黏性土少,应加强固沙植被种植,不再种植轮作经济作物。

(3)通过分析植被与生长环境关系,厘定了植被用水深度和对营养元素的吸收能力,识别了柠条、狼针、芨芨草等不同植被吸收土壤水的深度和对营养元素依赖程度,提出土地沙化严重区适宜生长的灌木植被为柠条、草本植被为狼针。

(4)基于建立的浅部三维地层结构和钻孔岩性鉴别,圈定出在照阳河西部和东部、康保牧场西北部、小英图西北部、郝家营东北部等区域分布相对连片的土壤钙积层,顶板埋深为30~120cm(一般埋深为30~60cm),厚度为20~170cm,深根性植被生长受抑制、土地沙化风险高,应种植根系发育较浅的固沙植被。

四、典型矿产资源分布区(冬奥会场周边矿集区)水土化学质量及保护建议

122组浅层地下水样品评价结果显示,地下水质量总体优良,以Ⅲ类水和Ⅳ类水为主,样点占比分别为78.95%、19.30%。Ⅳ类水和Ⅴ类水零散分布于东望山乡—赵川镇—龙关镇—龙炮梁乡一带,Ⅳ类水主要超标组分为氟化物、总铁、硫酸盐和总硬度,Ⅳ类水主要超标组分为硫酸盐。101组浅层地下水重金属样品评价结果显示,99组水质等级为Ⅲ类,仅有2组出现重金属超标,达到Ⅳ类水值域范围。

101组土样分析结果表明,局部表层土壤存在重金属超标。未超标、轻微超标、中度超标和重度超标的样点占比分别为85.15%、9.90%、3.96%和0.99%,仅有1个样点为重度超标等级。土壤重金属潜在生态风险评价结果显示,土壤总体具有较强的潜在生态风险,其中Cd和Hg的潜在生态风险较高。根据土壤重金属潜在生态风险结果,提出了将土壤重金属防治划分为重点修复治理区、一般修复治理区、重点防控区和一般污防控区以及对其进行修复治理和保护的建议。

五、典型矿产资源分布区(冬奥会场周边矿集区)地质灾害(隐患)及防治建议

截至2018年,研究区分布地质灾害(隐患)104处,包括泥石流(隐患)80处、崩塌(隐患)24处,呈现出中北部和东部分布多、西南部和西北部分布少的特征。其中,泥石流(隐患)规模以小型为主,崩塌(隐患)规模均为小型。

根据地质灾害(隐患)发育状况,结合考虑地质环境条件和人类工程活动强度,进行了泥石流(隐患)和崩塌(隐患)潜在易发性评价分区。其中,泥石流(隐

患)潜在高易发区位于白旗乡—高家营乡沿清水河一带,以及镇宁堡乡、炮梁乡、四台嘴乡及上斗营乡周边等地区,分布灾害(隐患)75处;潜在中易发区位于大部分山区,分布灾害(隐患)11处;低易发区位于崇礼区南部、赤城县城周边以及龙关镇—雕鹗堡镇一带,分布灾害(隐患)1处。崩塌(隐患)潜在中易发区位于红旗营乡东北部、白旗乡东北部、场地镇北部一带及赵川镇西南部,分布灾害(隐患)11处;潜在低易发区位于大部分山区,分布灾害(隐患)13处。在上述工作基础上进行了地质灾害(隐患)防治分区,将其划分为重点防治区、次重点防治区和一般防治区,并提出了相应防治建议。其中,重点防治区位于崇礼区主城区和高家营镇、张沽公路两侧地带,涉及高家营镇、四台嘴乡、红旗营乡、西湾子镇、镇宁堡乡及大海陀乡东部、西部等;次重点防治区位于矿产资源集中区的西北部、中南部及东部地区;一般防治区呈条带状分布于矿产资源集中区中南部,区内目前未发现灾害(隐患)分布。

六、典型生态旅游与绿色食品供应区(张北地区)土地生态保护修复评价

1. 基于主导生态功能的土地生态保护修复分区

以生态环境现状为基础,评价了生态功能重要性及生态敏感性。其中,水源涵养极重要区主要分布在张北地区南部及北部黄盖淖水库等区域,水土保持极重要区主要分布在林草较充足区域,生物多样性极重要区主要分布在小二台水库及其周边区域,防风固沙极重要区在全域均有分布,生态极敏感区主要分布在安固里淖等湿地集中分布区域。

将土地生态子系统与生态功能和生态敏感特征进行叠加,土地生态保护修复可划分为农林湿地生态修复与土壤侵蚀控制生态功能区、农林湿地生态修复与水源涵养生态功能区、林草土壤侵蚀控制与水土保持生态功能区和山地森林水土保持与生物多样性维护生态功能区4类分区,并分别给出了重点加强的生态保护修复方向。

2. 绿色食品供应重点片区土壤化学质量及土壤资源合理开发利用建议

基于1∶10万、1∶5万土地质量地球化学调查,查明小二台镇、馒头营乡、二台镇、战海乡、台路沟乡、两面井乡和白庙滩—郝家营一带土壤重金属环境质量等级整体清洁,仅小二台镇和台路沟乡存在零星的重金属镍轻微超标(风险可

控)地块。同时,圈定富硒土壤面积约 51.60km^2,其中二台一镇、小二台镇和馒头营乡分布面积相对较大;发现西兰花对硒的吸收能力高于其他蔬菜,胡麻、莜麦和藜麦达到富硒标准的比例较高,分别为 84.38%、34.38%和 62.50%。

根据土壤地球化学质量评价结果,提出了两个方面的土地资源开发利用建议:一是根据土壤养分评价结果提出了具体的 N、P、K 平衡施肥建议;二是根据富硒土壤资源的分布情况,提出了富硒土壤的开发利用建议,建议在富硒草地集中连片区发展以畜牧业为特色的富硒产业,在集中连片的富硒耕区种植莜麦、胡麻和藜麦等特色农作物。

主要参考文献

[1]张占贵.张家口市水资源保护策略[J].现代农业科技,2014(2):236-238.

[2]韩雁,贾绍凤,鲁春霞,等.水资源与社会经济发展要素时空匹配特征:以张家口为例[J].自然资源学报,2020,35(6):1392-1401.

[3]郝宏业.张家口市气候变化特征及其干旱影响[J].农业技术与装备,2020(3):120-121.

[4]刘一江.张家口市水资源承载力评价及监测预警研究[D].大连:辽宁师范大学,2020.

[5]国家统计局张家口调查队,张家口市统计局.张家口市2021年国民经济和社会发展统计公报[R].张家口:国家统计局张家口调查队,张家口市统计局,2022.

[6]河北省地矿局第三地质大队张家口市国土资源局.张家口地质矿产[M].北京:地质出版社,2013.

[7]河北省地质矿产勘查开发局.河北省地质·矿产·环境[M].北京:地质出版社,2006.

[8]蒋万军,刘宏伟,马震,等.张家口地区水资源与环境问题研究现状[J].地球与环境,2021,49(1):92-105.

[9]王彦芳,裴宏伟.1980—2015年河北坝上地区生态环境状况评价与对策研究[J].生态经济,2018,34(1):186-190.

[10]苏伟杰.张家口内陆平原区地下水资源及其特征[J].安徽农业科学,2017,45(13):44-45.

[11]赵玉峰,罗专溪,于亚军,等.京津冀西北典型区域地下水水位时空演变及驱动因素[J].自然资源学报,2020,35(6):1301-1313.

[12]戚帮申.张家口地区地壳稳定性研究[D].北京:中国地质科学院,2017.

[13]戚帮申,丰成君,谭成轩,等.张家口及邻区地壳稳定性研究[J].城市地质,2018,13(3):1-14.

[14] 张利雅,张泽光,张春玲. 浅谈张家口市土地沙化现状及防沙治沙措施[J]. 安徽农业科学,2007(22):6881-6882.

[15] 赵立峰. 地质灾害形成的自然和人为因素研究[J]. 西部探矿工程,2017,29(12):169-170.

[16] 刘军,王寿成,杨自安,等. 河北张家口矿山地质环境问题及生态修复治理对策[J]. 矿产勘查,2019,10(2):370-377.

[17] 吴顺福. 张家口市矿山地质环境问题与治理恢复建议[J]. 河北地质,2018(2):35-41.

[18] HUANG X,WANG G,LIANG X,et al. Hydrochemical and stable isotope (δD and δ^{18}O) characteristics of groundwater and hydrogeochemical processes in the Ningtiaota Coalfield,Northwest China[J]. Mine Water Environ,2018,37(1):119-136.

[19] LI P,QIAN H,WU J,et al. Major ion chemistry of shallow groundwater in the Dongsheng Coalfield,Ordos Basin,China[J]. Mine Water Environ,2013,32(3):195-206.

[20] GHREFAT H A,BATAYNEH A,ZAMAN H,et al. Major ion chemistry and weathering processes in the Midyan Basin,northwestern Saudi Arabia[J]. Environmental Monitoring and Assessment,2013,185(10):8695-8705.

[21] CLOUTIER V,LEFEBVRE R,THERRIEN R,et al. Multivariate statistical analysis of geochemical data as indicative of the hydrogeochemical evolution of groundwater in a sedimentary rock aquifer system[J]. Journal of Hydrology,2008,353(3/4):294-313.

[22] EDMUNDS W M,GUENDOUZ A H,MAMOU A,et al. Groundwater evolution in the Continental Intercalaire aquifer of southern Algeria and Tunisia: trace element and isotopic indicators[J]. Applied Geochemistry,2003,18(6):805-822.

[23] KALPANA L,BRINDHA K,ELANGO L. Fimar: a new fluoride index to mitigate geogenic contamination by Managed Aquifer Recharge[J]. Chemosphere,2019(220):381-390.

[24] LI D,GAO X,WANG Y,et al. Diverse mechanisms drive fluoride enrichment in groundwater in two neighboring sites in northern China[J]. Environmental Pollution,2018(237):430-441.

[25] SHARMA A,SINGH A K,KUMAR K. Environmental geochemistry

and quality assessment of surface and subsurface water of Mahi River basin, western India[J]. Environmental Earth Sciences,2012,65(4):1231–1250.

[26]SHVARTSEV S L,WANG Y. Geochemistry of sodic waters in the Datong intermountain basin, Shanxi Province, northwestern China[J]. Geochemistry International,2006,44(10):1015–1026.

[27]HAN Y,WANG G,CRAVOTTA C A I,et al. Hydrogeochemical evolution of Ordovician limestone groundwater in Yanzhou, North China[J]. Hydrological Processes,2013,27(16):2247–2257.

[28]RAJMOHAN N,ELANGO L. Identification and evolution of hydrogeochemical processes in the groundwater environment in an area of the Palar and Cheyyar River Basins,Southern India[J]. Environmental Geology,2004,46(1):47–61.

[29]XU B,WANG G. Surface water and groundwater contaminations and the resultant hydrochemical evolution in the Yongxiu area, west of Poyang Lake,China[J]. Environmental Earth Sciences,2016,75(3):1866–6299.

[30]FENG F,JIA Y,YANG Y,et al. Hydrogeochemical and statistical analysis of high fluoride groundwater in northern China[J]. Environmental Science and Pollution Research,2020,27(28):34840–34861.

[31]KIM K. Long-term disturbance of ground water chemistry following well installation[J]. Ground Water,2003,41(6):780–789.

[32]KIM K,RAJMOHAN N,KIM H J,et al. Evaluation of geochemical processes affecting groundwater chemistry based on mass balance approach: a case study in Namwon,Korea[J]. Geochemical Journal,2005,39(4):357–369.

[33]CHOWDHURY A,ADAK M K,MUKHERJEE A,et al. A critical review on geochemical and geological aspects of fluoride belts, fluorosis and natural materials and other sources for alternatives to fluoride exposure[J]. Journal of Hydrology,2019(574):333–359.

[34]DEHBANDI R,MOORE F,KESHAVARZI B. Provenance and geochemical behavior of fluorine in the soils of an endemic fluorosis belt, central Iran[J]. Journal of African Earth Sciences,2017(129):56–71.

[35]HE X,LI P,JI Y,et al. Groundwater arsenic and fluoride and associated arsenicosis and fluorosis in China: Occurrence, distribution and management[J]. Exposure and Health,2020,12(3):355–368.

[36] 朱其顺,许光泉. 中国地下水氟污染的现状及研究进展[J]. 环境科学与管理,2009,34(1):42-44.

[37] CHAE G,YUN S,MAYER B,et al. Fluorine geochemistry in bedrock groundwater of South Korea[J]. Science of the Total Environment,2007,385(1/2/3):272-283.

[38] EDMUNDS WM S P L. Fluoride in natural waters[M]. Berlin:Springer,2013.

[39] WU C,WU X,QIAN C,et al. Hydrogeochemistry and groundwater quality assessment of high fluoride levels in the Yanchi endorheic region,northwest China[J]. Applied Geochemistry,2018(98):404-417.

[40] CURRELL M,CARTWRIGHT I,RAVEGGI M,et al. Controls on elevated fluoride and arsenic concentrations in groundwater from the Yuncheng Basin,China[J]. Applied Geochemistry,2011,26(4):540-552.

[41] ALI S,THAKUR S K,SARKAR A,et al. Worldwide contamination of water by fluoride[J]. Environmental Chemistry Letters,2016,14(3):291-315.

[42] SU H,WANG J,LIU J. Geochemical factors controlling the occurrence of high-fluoride groundwater in the western region of the Ordos basin,northwestern China[J]. Environmental Pollution,2019(252):1154-1162.

[43] LI P,HE X,LI Y,et al. Occurrence and health implication of fluoride in groundwater of loess aquifer in the Chinese Loess Plateau:a case study of Tongchuan,Northwest China[J]. Exposure and Health,2019,11(2):95-107.

[44] 梁川,苏春利,吴亚,等. 大同盆地高氟地下水的分布特征及形成过程分析[J]. 地质科技情报,2014,33(2):154-159.

[45] JIA Y,XI B,JIANG Y,et al. Distribution,formation and human-induced evolution of geogenic contaminated groundwater in China:A review[J]. Science of the Total Environment,2018(643):967-993.

[46] 田红卫,高照良. 黄土高原土地沙漠化成因机制及其治理模式的研究[J]. 农业现代化研究,2013,34(1):20-24.

[47] ALVES T L B,AZEVEDO P V D,SANTOS C A C D. Influence of climate variability on land degradation (desertification) in the watershed of the upper Paraíba River[J]. Theoretical and Applied Climatology,2017(127):741-751.

[48] XU D Y,SONG A L,LI D J,et al. Assessing the relative role of

climate change and human activities in desertification of North China from 1981 to 2010[J]. Frontiers of Earth Science,2019(13):43-54.

[49]HAN J J,WANG J P,CHEN L,et al. Driving factors of desertification in Qaidam Basin,China:An 18-year analysis using the geographic detector model [J]. Ecological Indicators,2021(124):1-13.

[50]张靖,牛建明,同丽嘎,等. 多水平/尺度的驱动力变化与沙漠化之间的关系:以内蒙古乌审旗为例[J]. 中国沙漠,2013,33(6):1643-1653.

[51]姚正毅,李晓英,肖建华. 青海湖滨土地沙漠化驱动机制[J]. 中国沙漠,2015,35(6):1429-1437.

[52]梁霞,杨勇,公王斌,等. 内蒙古西部库布齐沙漠北缘沙漠化特征讨论[J]. 地质论评,2015,61(4):873-882.

[53]贾双竹,彭博,范慧涛. 基于GIS的河北省丰宁县土地沙化演变及驱动力分析[J]. 水土保持通报,2018,38(3):200-205.

[54]李军豪,陈勇,杨国靖,等. 1975—2018年民勤绿洲沙漠化过程及其驱动机制[J]. 中国沙漠,2021,41(3):44-55.

[55]高萌萌,刘琼,王轶,等. 内蒙古西辽河平原植被指数时空变化及其影响因素研究[J]. 水文地质工程地质,2022,49(1):175-182.

[56]郭娇,王伟,张翼龙,等. 河套平原沙漠化土地动态变化及影响因子[J]. 中国资源综合利用,2020,38(8):74-79.

[57]李庆,张春,王仁德,等. 1965—2016年青藏高原关键气象因子变化特征及其对土地沙漠化的影响[J]. 北京师范大学学报(自然科学版),2018,54(5):659-665.

[58]孟晖,李春燕,张若琳,等. 全国地质环境承载能力评价[J]. 地质通报,2021,40(4):451-459.

[59]黄垒,李磊,王威. 基于GIS的华北地区自然资源综合评价区划研究[J]. 华北地质,2023,46(4):83-88.

[60]贺志霖,俎瑞平,宗玉梅. 沙漠化与气候变化相互作用机理研究进展[J]. 自然灾害学报,2015,24(2):128-135.

[61]王翠萍. 库布齐沙漠中段沙化土地动态变化及驱动力分析[J]. 林业资源管理,2018(1):63-71.

[62]白壮壮,崔建新. 近2000a毛乌素沙地沙漠化及成因[J]. 中国沙漠,2019,39(2):177-185.

[63]何巧玲,阿布都热西提·阿布都外力. 人类活动对土地沙漠化影响的模

型及定性分析[J].山西师范大学学报(自然科学版),2014,28(3):5-8.

[64]ROCIO B P,CARLOS A M,ENRIQUE G S,et al. Assessing desertification risk in the semi-arid highlands of central Mexico[J]. Journal of Arid Environments,2015(120):4-13.

[65]MA W Y,WANG X M,ZHOU N,et al. Relative importance of climate factors and human activities in impacting vegetation dynamics during 2000—2015 in the Otindag Sandy Land,northern China[J]. Journal of Arid Land,2017,9(4):558-567.

[66]王建华,李阳,梁树能,等.基于高光谱卫星数据的土地沙化识别及提取研究[J].华北地质,2022,45(4):60-67.

[67]董大鹏,徐青,马佳明,等.康保县土地沙漠化动态监测研究[J].林业与生态科学,2020,35(2):157-163.

[68]白耀楠,刘宏伟,马震,等.康保县北部土地沙化特征及其地质影响因素[J].地质调查与研究,2020,43(3):212-217.

[69]刘星燕,张俊霞,孙跃飞,等.近59年康保县气候变化特征及其对农业生产的影响分析[J].农业灾害研究,2022,12(1):66-68.

[70]李状,刘宏伟,白耀楠,等.基于Albedo-NDVI特征空间的张家口康保县荒漠化时空动态监测[J].地球学报,2024(1):1-10. https://link.cnki.net/urlid/11.3474.P.20231220.1706.002.

[71]王玉坤,裴宏伟,卜跃刚,等.河北省康保县气候特征及变化分析[J].河北建筑工程学院学报,2019,37(4):111-118.

[72]TUCKER C J. Red and photographic infrared linear combinations for monitoring vegetation[J]. Remote Sensing of Environment 1979,8(2):127-150.

[73]PENG J,LIU Z,LIU Y,et al. Trend analysis of vegetation dynamics in Qinghai Tibet Plateau using Hurst Exponent[J]. Ecological indicators,2012,14(1):28-39.

[74]ZHAO Z,LIU J,PENG J,et al. Nonlinear features and complexity patterns of vegetation dynamics in the transition zone of North China[J]. Ecological indicators,2015(49):237-246.